蟠龙卷切

糖醋排骨

摄　影：郝淑秀

菜点制作：叶连海

盐水白鸡

清蒸大虾

鸡汤馄饨

猪肉酸菜包

蜜汁红薯

小米面蜂糕

草莓鲜橙汁

锦绣里脊丝

清汤鸡

鱼香炒蛋

鸳鸯鹌鹑蛋

醋椒鱼

阳春面

小窝头

青椒里脊片

香菇炒菜花

雪里蕻炖豆腐

水晶丸子

炒腰花

番茄鸡蛋卤面

孕产妇食谱

橘酪银耳羹

番茄酿肉

猪爪黄豆汤

栗子鸡块

氽汤鲫鱼

牛奶枣粥

海米烧菜心

三丝黄瓜

丝瓜蛋汤

藕煨排骨汤

孕产妇食谱

(修订版)

叶连海 郝淑秀 编著

金盾出版社

内 容 提 要

这是一本专门介绍如何科学安排和制作孕产妇膳食的大众食谱书。书中根据孕产妇及胎儿或新生儿不同阶段的生理变化与营养保健需要,精选了239种南北风味菜肴和主食,62种孕产妇常见病症食疗方,详细介绍了它们的制作方法、营养成分及食物疗效,并附有孕产妇所需营养素每日标准供给量等3个系列数据表,以及孕产妇日常饮食宜忌表。本书内容充实,通俗易懂,集科学性、知识性和实用性于一体,是家庭调理孕产妇膳食的理想读物。

图书在版编目(CIP)数据

孕产妇食谱/叶连海,郝淑秀编著.—修订版.—北京:金盾出版社,2005.12
 ISBN 7-5082-3803-6

Ⅰ.孕… Ⅱ.①叶…②郝… Ⅲ.①孕妇-妇幼保健-食谱②产妇-妇幼保健-食谱 Ⅳ.TS972.164

中国版本图书馆 CIP 数据核字(2005)第 107756 号

金盾出版社出版、总发行
北京太平路5号(地铁万寿路站往南)
邮政编码:100036 电话:68214039 83219215
传真:68276683 网址:www.jdcbs.com.cn
彩色印刷:北京2207工厂
黑白印刷:北京天宇星印刷厂
各地新华书店经销
开本:850×1168 1/32 印张:6.875 彩页:16 字数:166千字
2006年10月修订版第11次印刷
印数:306001—318000册 定价:14.00元
(凡购买金盾出版社的图书,如有缺页、
倒页、脱页者,本社发行部负责调换)

再版前言

在提倡一对夫妇只生一个孩子的今天，孕产妇的营养问题越来越受到人们的重视，它不仅关系到孕产妇自身的健康，而且直接关系到下一代，关系到我国未来人口的素质。调理安排好孕产妇的膳食，是优生优育的重要手段之一。

随着我国卫生保健事业的日臻完善，许多疾病的发病率有所下降，人们的健康水平不断提高，但是孕产妇营养不平衡的现象仍然存在。孕妇一旦营养不良，给胎儿带来的危害也是严重的。首先，会增高新生儿的死亡率。由于孕妇体内得不到足够的营养素，可能导致胎儿畸形、低体重、贫血等，这些都是新生儿抵抗力下降、死亡率上升的因素。新生儿体重在 2.5 千克以下的，死亡率明显高于 2.5 千克以上者。其次，会影响婴儿智力发育。人脑细胞发育最旺盛时期为胎儿在母体中的最后 3 个月及其出生后的头一年。母亲孕期营养不良，就可能引起胎儿头围偏小，智力发育迟缓，最终将影响脑组织的成熟和智力的正常发育。另一方面，有些孕妇盲目讲究营养，对某些食物摄入量过多，引起自身肥胖和胎儿过大，以致剖腹产率增高，这些都有害于母婴健康。由此可见，懂得孕期的生理变化规律和营养需求特点，搞好膳食调配是多么重要！

应当知道，乳汁里的各种营养成分均来自母亲的膳

孕产妇食谱

食。如果乳母膳食中的这些营养素不足,则将动用母体的营养储备来维持乳汁中营养成分的稳定。长此以往,乳汁的分泌量将逐渐减少,乳汁的质量也将随之降低。这不仅对婴儿的生长发育不利,也会大大损害乳母的身体健康。

我国产妇历来有"坐月子"的习惯,这是合乎产妇生理变化需要的。产妇分娩时,失血多,体力消耗大;产后生理变化迅速,不仅身体需要恢复,还负有哺婴重任。所有这些,都要求对产妇科学地安排和供给膳食,以便及时补充营养。

为了适应孕产妇营养调配的需要,指导其合理进膳,我们将《孕产妇食谱》一书奉献给读者。本书按孕早期、孕中期、孕晚期、产褥期、哺乳期五个阶段,分别阐述了孕产妇及胎儿、新生儿的生理变化,她们所必需的营养素,以及营养缺乏可能产生的不良后果。根据孕产妇各阶段所需的营养素和可能发生的一些常见病症等,共精选了239种南北风味菜肴和主食,以及62种常见病症食疗方,并对它们的制作方法、营养成分、食物疗效等作了详细介绍。

在本书的最后,还编印了四个附表,分别介绍了孕妇乳母所需营养素每日供给量标准、孕产妇各阶段每日食物构成推荐品种及数量、孕产妇食用的部分食物热能和营养素含量以及孕产妇日常饮食宜忌等,以供参考。

本书自1994年出版以来,已先后印刷9次,累计发行近30万册,这表明了广大读者朋友对本书的信赖与厚爱。为了适应科学的不断进步发展,更好地满足读者的需求,此次修订,减掉了原书中部分内容重复、雷同和已不

前言

太适用于现代孕产妇食用的菜肴和主食,同时增加了约 1/3 更有针对性、更有营养保健功效的菜肴和主食,全书由原有的 188 个品种增加到现在的 239 个品种,使孕产妇在实际运用中更有选择的余地。此外,鉴于我国中医学在指导孕产妇、乳母的营养保健和防治常见病症方面,长期以来积累了丰富的经验,书中还针对妊娠呕吐、产后缺乳等症,收入了 62 种孕产妇常见病症食疗方,并增加了一张孕产妇日常饮食宜忌表,以便读者通过食疗调养,解除痛苦,恢复健康。

本书 1994 年出版前,承蒙解放军总医院妇产科主任傅才英教授作了审订修改,在此谨表谢意。

编　者
2005 年 8 月

目 录

一、孕早期食谱

猴头蘑扒菜心 …………(3)	五彩鲜蔬汤 …………(15)
醋渍小菜头 ……………(4)	香蕉酸乳汁 …………(16)
泡菜炒肉末 ……………(4)	红果茶 ………………(16)
鸡脯扒小白菜 …………(5)	碧海珊瑚 ……………(17)
炝虾子菠菜 ……………(5)	香椿拌豆腐 …………(17)
韭菜炒虾丝 ……………(6)	烧豆腐丸子 …………(18)
珊瑚萝卜卷 ……………(6)	四喜豆腐 ……………(18)
炒胡萝卜酱 ……………(7)	水煮肉片 ……………(19)
蚝油菜花 ………………(8)	牡蛎炒鸡蛋 …………(20)
甜椒牛肉丝 ……………(9)	蟠龙卷切 ……………(20)
肉片滑熘卷心菜 ………(9)	糖醋排骨 ……………(21)
出水芙蓉 ………………(10)	酸甜猪肝 ……………(21)
香辣黄瓜条 ……………(11)	香酥鹌鹑 ……………(22)
蒜薹炒花生米 …………(11)	盐水白鸡 ……………(23)
三色银芽 ………………(12)	熘鸡脑 ………………(23)
肉丝榨菜汤 ……………(12)	清蒸大虾 ……………(24)
脆爆海带 ………………(13)	肉片烧海参 …………(25)
白扒银耳 ………………(13)	清炖鲫鱼 ……………(26)
绣球黑木耳 ……………(14)	锅塌带鱼 ……………(26)
淡菜海带冬瓜汤 ………(15)	鱼头木耳汤 …………(27)

草莓绿豆粥 …………… (28)
什锦果汁饭 …………… (28)
广东菠萝炒饭 ………… (29)
三鲜炒饼 ……………… (29)
鸡汤馄饨 ……………… (30)
猪肉酸菜包 …………… (31)
五色豆沙包 …………… (31)
玉带糕 ………………… (32)
温拌面 ………………… (33)
蜜汁红薯 ……………… (33)
小米面蜂糕 …………… (34)

二、孕中期食谱

海米醋熘白菜 ………… (37)
蛋皮炒菠菜 …………… (37)
拌合菜 ………………… (38)
碧玉金钩 ……………… (38)
干贝烧盖菜 …………… (39)
清蒸菜卷 ……………… (40)
柿椒炒嫩玉米 ………… (41)
樱桃萝卜 ……………… (41)
鲜蘑莴笋尖 …………… (42)
口蘑烧茄子 …………… (42)
豆腐干拌豆角 ………… (43)
豇豆炒五香茶干 ……… (44)
虾皮萝卜丝汤 ………… (44)
雪菜蚕豆汤 …………… (45)
青椒炒鸡蛋 …………… (45)
姜米拌莲菜 …………… (46)
排骨冬瓜汤 …………… (46)
炸豆腐炖萝卜海带 …… (47)
甜脆银耳盅 …………… (48)
草莓鲜橙汁 …………… (48)
拌腐竹 ………………… (49)
锦绣里脊丝 …………… (49)
沙锅狮子头 …………… (50)
桂花肉 ………………… (51)
青蒜炒猪肝 …………… (51)
芙蓉鸡丝 ……………… (52)
清汤鸡 ………………… (53)
油麻壮凉鸡 …………… (53)
鱼香炒蛋 ……………… (54)
鸳鸯鹌鹑蛋 …………… (55)
炒鲜奶 ………………… (55)
海带炖酥鱼 …………… (56)
奶汤鲫鱼 ……………… (57)
番茄鱼条 ……………… (57)
醋椒鱼 ………………… (58)
炒连壳螃蟹 …………… (59)

目 录

炸凤尾虾 …………… (59)	核桃酪 …………… (62)
红果包 ……………… (60)	三色发糕 ………… (63)
阳春面 ……………… (61)	玉米面发糕 ……… (64)
鸡蛋家常饼 ………… (61)	玉米面蒸饺 ……… (64)
香椿蛋炒饭 ………… (62)	小窝头 …………… (65)

三、孕晚期食谱

扒奶汁白菜 ………… (68)	雪里蕻炖豆腐 ……… (79)
鸡块白菜汤 ………… (68)	肉炒五丝 …………… (79)
白干炒菠菜 ………… (69)	水晶丸子 …………… (80)
青椒里脊片 ………… (69)	香质肉 ……………… (81)
香肠炒油菜 ………… (70)	炒腰花 ……………… (81)
香菇炒菜花 ………… (70)	拌猪肝菠菜 ………… (82)
干烧豇豆 …………… (71)	清炖牛肉 …………… (82)
香滑芹菜卷 ………… (72)	烧蹄筋 ……………… (83)
千层茄子 …………… (72)	三丝蛋饼 …………… (84)
南瓜蒸肉 …………… (73)	熘黄菜 ……………… (84)
土豆烧牛肉 ………… (74)	四喜蒸蛋 …………… (85)
醋烹绿豆芽 ………… (74)	碎熘笋鸡 …………… (86)
炒胡萝卜丝 ………… (75)	五香酱肥鸭 ………… (86)
番茄什锦蔬菜碗 …… (75)	蛋片鱼肉羹 ………… (87)
糖醋黄瓜 …………… (76)	葱头红烧鱼 ………… (88)
奶油冬瓜 …………… (76)	干煎黄鱼 …………… (88)
红枣酪 ……………… (77)	干蒸鲤鱼 …………… (89)
口蘑烧腐竹 ………… (78)	糖醋瓦块鱼 ………… (90)
雪映红梅 …………… (78)	家常海参鱿鱼 ……… (90)

孕产妇食谱

樱桃虾仁 …………… (91)　　鸡肉卤饭 …………… (93)
番茄鸡蛋卤面 ……… (92)　　鲤鱼白菜粥 ………… (94)
豆角锅贴 …………… (92)
肉丁豌豆米饭 ……… (93)

四　产褥期食谱

佛手白菜 …………… (97)　　猪爪黄豆汤 ………… (108)
翠湖春晓 …………… (98)　　猪蹄汤 ……………… (108)
糖醋卷心菜 ………… (98)　　猪肝菠菜汤 ………… (109)
蜜饯萝卜 …………… (99)　　羊肉冬瓜汤 ………… (109)
油焖茭白 …………… (99)　　老母鸡汤 …………… (110)
鲜蘑炒豌豆 ………… (100)　 栗子鸡块 …………… (110)
糖醋莲藕 …………… (100)　 龙眼鸡翅 …………… (111)
芙蓉雪藕 …………… (101)　 炉鸭丝烹掐菜 ……… (112)
火腿冬瓜汤 ………… (101)　 菠菜鱼片汤 ………… (112)
海米紫菜蛋汤 ……… (102)　 氽汤鲫鱼 …………… (113)
豆腐皮蛋汤 ………… (102)　 白斩鲤鱼 …………… (114)
果菜汁 ……………… (103)　 碎烧鲤鱼 …………… (114)
炸苹果片 …………… (103)　 清炒虾仁 …………… (115)
荔枝红枣汤 ………… (104)　 烩海参鲜蘑 ………… (115)
橘酪银耳羹 ………… (104)　 鸡丝馄饨 …………… (116)
花生奶酪 …………… (105)　 挂面卧鸡蛋 ………… (117)
肉馅豆腐丸子 ……… (105)　 排骨汤面 …………… (117)
枣核肉 ……………… (106)　 小枣包子 …………… (118)
番茄酿肉 …………… (106)　 苹果煎蛋饼 ………… (118)
排骨汤 ……………… (107)　 高汤水饺 …………… (119)

牛奶焖饭	(120)	黑芝麻粥	(123)
糯米甜酒	(120)	小米面茶	(123)
百合糯米粥	(121)	蛋花粥	(124)
牛奶麦片粥	(121)	绿豆银耳粥	(124)
小米红糖粥	(122)	枣莲三宝粥	(125)
牛奶枣粥	(122)	鸡粥	(125)

五、哺乳期食谱

奶油一棵松	(128)	藕煨排骨汤	(138)
海米烧菜心	(128)	爆炒猪肝花	(139)
肉丝雪里蕻百叶丝	(129)	腰花木耳汤	(140)
西红柿果菜汁	(129)	红烧猪脚	(140)
糯米酿西红柿	(130)	番茄蛋糕	(141)
三丝黄瓜	(130)	芫梗爆鸡丝	(141)
虾子烧菜花	(131)	油淋子鸡	(142)
海米鲜蘑萝卜条	(132)	香菇焖鸡	(143)
肉丁香干炒豆酱	(132)	冬菇鸡翅	(143)
桃仁烧丝瓜	(133)	鸭肉丝炒绿豆芽	(144)
丝瓜蛋汤	(133)	蛋蓉黄鱼羹	(144)
金钩冬瓜方	(134)	虾仁芙蓉蛋	(145)
冬菇牛肉汤	(135)	葱烧鲫鱼	(145)
翠玉菇	(135)	炒鳝鱼丝	(146)
海带丝汤	(136)	口蘑虾片	(147)
翡翠豆腐羹	(136)	干煎虾段	(147)
珍珠豆腐	(137)	西芹炒鲜鱿	(148)
葵花牛肉	(138)	清蒸甲鱼	(149)

鸡块汤面 …………… (150)	什锦炒饭 …………… (154)
馄饨 ………………… (150)	腊八粥(咸) ………… (155)
莲花馒头 …………… (151)	猪骨西红柿粥 ……… (155)
三鲜馅水饺 ………… (152)	豌豆粥 ……………… (156)
猪肉白菜包 ………… (153)	
莲子红枣血糯饭 …… (153)	

六、孕产妇常见病症食疗方

(一)妊娠呕吐食疗方 …(157)　(五)产后腹痛食疗方 …(173)
(二)妊娠水肿食疗方 …(161)　(六)产后便秘食疗方 …(177)
(三)先兆流产食疗方 …(165)　(七)产后贫血食疗方 …(179)
(四)产后缺乳食疗方 …(169)

附　表 ……………………………………………(183)

　　附表1　孕妇乳母所需营养素每日供给量标准
　　　　　 (轻体力劳动)
　　附表2　孕产妇各阶段每日食物构成推荐品种及数量
　　附表3　孕产妇食用的部分食物热能和营养素含量
　　附表4　孕产妇日常饮食宜忌表

一、孕早期食谱

孕早期是指妇女怀孕的前3个月（12周）。

此期是胎儿从受精卵经分裂、着床，直至形成人体的阶段。胎儿的细胞分化、器官形成主要发生在孕早期，其中以人体最重要的器官——脑和神经系统的发育最为迅速。孕早期胎儿发育较快，至12周末，身长一般可达7~9厘米。

同时，孕早期也是母体内发生适应性生理变化的时期。孕妇在此期间常发生恶心、呕吐、食欲不佳，甚至卧床不起的早孕反应。轻度呕吐一般于妊娠12周后逐渐消失，呕吐严重者，可造成母体脱水或更严重的后果。

因此，在这个期间安排供给孕妇适宜的膳食和营养，对孕妇健康和胎儿发育都十分重要。

由于早期胚胎缺乏合成氨基酸的酶类，故胎儿发育所需的氨基酸不能自身合成，全部需由母体供给。如果摄入不足，可引起胎儿生长缓慢，身体过小。在这一关键时期因蛋白质、氨基酸供给不足而形成的胚胎畸变等，是胎儿出生后不可恢复的。因此，孕早期蛋白质的摄入量应不低于非孕时的摄入量。孕妇在此期间，应食用易消化、吸收、利用并富含优质蛋白质的食品，如畜禽肉类、乳类、蛋类、鱼类及豆制品类等。每日至少应该摄入40克蛋白质，才能维持母体的需要。

孕妇在孕早期每日须摄入150克以上的碳水化合物（约合粮食200克），以免因饥饿而使体内血液中的酮体蓄积，并积聚于羊水中，为胎儿所吸收。若胎儿吸收较多的酮体，对其大

脑的发育将产生不良影响,使胎儿出生后至4岁时的智商低于正常儿童。

胚胎早期缺锌可导致胎儿生长迟缓,骨骼和内脏畸形,还可使中枢神经细胞的有丝分裂和分化受到干扰,导致中枢神经系统畸形;铜摄入不足,也可导致胎儿骨骼、内脏畸形。因而在孕早期,孕妇应食用含有锌、铜等胎儿发育所需微量元素的食品。

孕早期的妇女因代谢改变和妊娠反应,还应补充足够的维生素 B_1、维生素 B_2、维生素 B_6 以及维生素 C 等营养素。呕吐严重者应多食蔬菜、水果等碱性食物,以防止酸中毒。

此外,孕早期因妊娠反应,用膳应少食多餐,食物要清淡,避免食用过分油腻和刺激性强的东西。食品烹调要多样化,应根据孕妇的不同情况和嗜好,选择不同的原料和烹调方法。对于呕吐严重、有脱水症状的孕妇,要供给含水分多的食品。有的孕妇有酸辣或其他味道的嗜好,烹调时可使用适量的醋、柠檬汁、果茶等酸味调料和少量的香辛料,如葱、姜、辣椒等,能增强食欲。冷食也是孕早期孕妇的理想食品,因妊娠呕吐时对气味非常敏感,冷食比热食气味小,并能抑制胃粘膜的病态兴奋,故许多食品可在晾凉后再吃。

猴头蘑扒菜心

此菜清淡利口，形态美观。含有丰富的维生素 C 和钙、磷、铁、锌等多种营养素。大白菜中的矿物质和维生素含量虽然不及绿叶菜多，但与同季节的主要水果如苹果、梨等相比，其所含的钙和维生素 C 都比它们高出 5 倍以上，核黄素的含量也高 3~4 倍。大白菜中含微量元素锌不但在蔬菜中是极高的，而且比肉和蛋类的含量还高。

【主料】 白菜心 500 克，猴头蘑 50 克。

【辅料】 花生油 50 克，精盐 4 克，味精 1 克，料酒 10 克，干淀粉 20 克，水淀粉 15 克，姜末 3 克，素鲜汤 500 克。

【制法】 ①取白菜嫩心，用小刀将根部削成尖圆锥形，劈成 4 瓣。 ②将猴头蘑放入盆内，加入开水（以漫过猴头为度），泡约 2 个小时。捞出挤去水分，削去底部发黑发硬部分，再从底部下刀，顺着须片成厚约 0.3 厘米的薄片。 ③锅内放入清水，上火烧开，下猴头片，煮两开后捞出，摊开晾凉。把锅中水再烧开，放入菜心稍氽捞出，用凉水过凉，理顺，切成 8 厘米左右的段。 ④将干淀粉放入碗内，加入适量清水搅拌成糊状，把晾凉的猴头片挤干水分，放入淀粉糊中，用筷子轻轻拌匀（注意不要碰掉猴头的须刺）。 ⑤锅内放清水，烧至微开，用筷子将猴头片一片片地下入锅内，待猴头蘑片浮起，捞出放入凉水盆中过凉，捞出仍整理成蘑须向上的猴头形，放入碗内。 ⑥炒锅上火，放入花生油，烧至温热，下姜末煸出香味，冲入素鲜汤，加精盐、味精、料酒，待汤烧开，将汤的一半浇入盛猴头的碗内，上笼蒸 40 分钟。 ⑦将菜心放入锅内留下的汤内，略烧后捞出，在盘内摆成花瓣形。再把蒸猴头的汤滗入锅内,将猴头扣在盘子里白菜心的中间,将锅内的汤汁烧开,用水淀粉勾芡,浇在猴头和菜心上即成。

醋渍小菜头

此菜略有甜味,比较清淡。富含丰富的维生素C及钙质。孕妇妊娠初期吃的食物不宜过咸,最好用醋渍一下,吃时更可口。更适合不喜欢吃肉的孕妇食用。

【主料】 小菜头(芜菁)150克,芝麻5克,胡萝卜10克。

【辅料】 精盐、醋各适量。

【制法】 ①将胡萝卜洗净,切成细丝。小菜头洗净,菜头切成细丝,菜叶切碎。 ②将胡萝卜丝、菜头丝、切碎的菜叶放入碗内,用少许精盐拌匀,稍腌渍一会儿,沥净水分,放入小盘内,浇些醋,撒上炒熟压碎的芝麻末即成。

泡菜炒肉末

此菜鲜脆略酸,味美适口。含有丰富的蛋白质、脂肪及钙、磷、铁等矿物质。泡菜是将蔬菜浸在盐水中,经过乳酸发酵以后制成的一种咸菜,味道清脆爽口,适宜妊娠早期食用。

【主料】 净猪肉100克(肥3瘦7),四川泡菜200克。

【辅料】 花生油50克,精盐3克,味精1克,白糖3克,料酒3克,花椒10粒。

【制法】 ①将猪肉切碎剁成末。泡菜剁成末(轻轻挤去水分)。 ②炒锅上火,放油烧热,下花椒炸糊捞出不要,放肉末,用手勺推动煸炒,待肉末水分炒干时,加入精盐、白糖、料酒、味精、泡菜末，翻炒均匀即成。

鸡脯扒小白菜

此菜鲜嫩爽滑，清淡爽口。含有丰富的蛋白质、钙、磷、铁、胡萝卜素、尼克酸和维生素C，有利于胎儿生长发育。

【主料】 小白菜1000克，熟鸡脯半个。

【辅料】 花生油50克，精盐4克，味精2克，料酒10克，牛奶50克，水淀粉15克，葱花5克，鲜汤适量。

【制法】 ①将小白菜去根，洗净，每棵劈成4瓣，切成10厘米长的段(注意让小白菜相连，不能散乱)，用开水焯透，捞出用凉水过凉，沥去水分，理齐放入盘内。②将熟鸡脯改刀切片，码放在盘内小白菜上。③炒锅上火，放入花生油烧热，下葱花炝锅，烹料酒，加入鲜汤和精盐，滑入鸡脯和小白菜(保持原形，顺着放)，用旺火烧开，加入味精、牛奶，用水淀粉勾芡，滑入盘内即成。

炝虾子菠菜

此菜色泽翠绿，鲜香利口。菠菜富含钙、铁和维生素C，有补血、助消化、通便的功效。食用时应注意两点：一是菠菜中的维生素C容易流失，易溶水，很怕热，要现吃现洗。二是菠菜中含有较多的草酸，有些涩味，并影响人体对钙质的吸收。因此，食用前需用开水焯一下，以除掉大部分草酸。

【主料】 菠菜500克，水发虾子5克。

【辅料】 花生油10克，香油3克，精盐4克，味精1克，花椒少许。

孕产妇食谱

【制法】 ①将菠菜择洗干净,切成6厘米长的段。②炒锅上火,放花生油烧至七成热,下花椒炸香捞出,再把发好的虾子放入油锅中氽一下备用。 ③将菠菜放入沸水锅内略焯,捞入凉开水内浸凉,挤干水分,放入盘内,加入精盐、味精、香油和炸好的虾子花椒油,拌匀即成。

韭菜炒虾丝

此菜色泽美观,鲜嫩清香。含有丰富的胡萝卜素、维生素C及钙、磷、铁等多种营养素,是人们"尝春"的时鲜菜品。韭菜含胡萝卜素是一般蔬菜所不及的,在胡萝卜等蔬菜处于淡季的春天,吃早韭尤为需要。中医认为,韭菜味辛、性温,有温中行气、散血解毒的功效。

【主料】 鲜大虾肉300克,嫩韭菜150克。
【辅料】 花生油60克,香油15克,酱油5克,精盐3克,味精1克,料酒5克,葱20克,姜10克,鲜汤30克。
【制法】 ①将虾肉洗净,沥干水分,从脊背片开(不要片断),抽去虾筋,摊开切成细丝。 ②将韭菜择洗干净,沥干水分,切成2厘米长的段。葱洗净切丝。姜去皮洗净切丝。 ③炒锅上火,放花生油烧热,下葱丝、姜丝炝锅,炸出香味后放入虾丝煸炒2~3秒钟,烹料酒,加酱油、精盐、鲜汤稍炒,放入韭菜,急火炒4~5秒钟,淋入香油,加味精炒匀,盛入盘内即成。

珊瑚萝卜卷

此菜色泽素雅,红白相间,甜酸脆爽。含有丰富的维生素C、碳水化合物、钙、磷、铁等多种营养素。萝卜还富含木质素,能提高人体巨噬细胞的活力,增强机体的抵抗力。中医认为,萝卜有消食、顺气、化痰、止喘、解毒、利尿等多种功效。

【主料】 白萝卜500克,胡萝卜100克。

【辅料】 白糖100克,白醋50克,精盐6克,葱、姜各5克,蒜3瓣。

【制法】 ①将白萝卜洗净去皮,切成薄片。胡萝卜洗净、去皮、去黄心,切成细丝,放入淡盐水中浸泡,半小时后取出,用凉开水浸透,捞出挤干水分。 ②将葱、姜均切丝,蒜瓣剁成泥,一起放入盆内,加入白糖、白醋,对成糖醋汁。③将白萝卜片、胡萝卜丝放入糖醋汁中浸渍4小时,使之入味。然后将白萝卜片逐片摊开,用胡萝卜丝做蕊,裹成卷,斜切成马耳朵形,码入盘内即成。

炒胡萝卜酱

此菜色泽美观,香鲜不腻。含有丰富的胡萝卜素、蛋白质、碳水化合物、钙、磷、铁、维生素B_1、维生素B_2、维生素B_5和维生素C。因此,常吃胡萝卜能防治维生素缺乏症。胡萝卜中的纤维素,还能刺激胃肠蠕动,有助于食物消化。

【主料】 胡萝卜150克,豆腐干3块,小海米15克,青豆25克,水发香菇100克。

【辅料】 花生油50克,香油5克,甜面酱100克,酱油7克,白糖10克,水淀粉、料酒各5克,生姜2片。

【制法】 ①将胡萝卜洗净,与豆腐干分别切成小方丁。海米用料酒、沸水泡发。香菇切丁。姜切末。 ②炒锅上火,放入花生油烧热，下胡萝卜丁、豆腐干丁炸透，呈黄色时捞出。继下青豆滑炒后起锅。 ③锅中留余油，下甜面酱、姜末及水100克，炒至均匀，放入海米，翻炒至上色，下胡萝卜、豆腐干、青豆、水发香菇，加酱油、白糖调味，再炒至酱汁入味，用水淀粉勾芡，淋入香油即成。

蚝油菜花

此菜外脆里嫩，有蚝油的特殊鲜香味。菜花中维生素C的含量极为丰富，相当于大白菜的4倍；核黄素与胡萝卜素的含量分别为大白菜的2倍和8倍。特别是近几年市场上才见到的绿菜花（即西兰花），其维生素C的含量比普通菜花更丰富，堪称维生素的"仓库"。

【主料】 菜花400克。

【辅料】 香油2克，虾子酱油15克，精盐6克，蚝油、白糖、料酒各10克，葱花5克，干淀粉70克，花生油500克（约耗30克）。

【制法】 ①将菜花洗净，掰成小朵，随凉水下锅，同时加入精盐5克，煮熟后捞出，沥去水分，均匀地滚上干淀粉。 余下的干淀粉加适量水调匀成水淀粉。 ②将虾子酱油、精盐1克、蚝油、白糖、料酒、水淀粉放入碗内，调成芡汁。 ③炒锅上火，放入花生油，烧至七成热，下菜花炸至呈金黄色，捞出沥油。 ④锅内留底油，下葱花略煸，投入菜花，倒入芡汁，翻炒均匀，淋入香油，盛入盘内即成。

甜椒牛肉丝

此菜色泽美观,牛肉细嫩,鲜香微辣。含有丰富的蛋白质、钙、磷、铁、锌及多种维生素。甜椒所含维生素C极为丰富,居各种蔬菜之首。菜中所含辣椒素,能健胃、发汗,促进消化液分泌,增强肠胃蠕动,有助消化。孕妇常食,对防止便秘很有益处。

【主料】 牛肉、甜椒各200克,蒜苗段15克。

【辅料】 花生油100克,酱油15克,甜面酱5克,精盐4克,味精1克,嫩姜25克,干淀粉20克,鲜汤适量。

【制法】 ①将牛肉去筋洗净,切成0.3厘米粗的丝,加入精盐和部分干淀粉拌匀。甜椒、嫩姜分别切成细丝。 ②取碗一个,放入酱油、味精、鲜汤和余下的干淀粉,调成芡汁。③炒锅上火,放入适量花生油,烧至六成热,放入甜椒丝炒至断生,盛入盘内。 ④炒锅置火上,放入余下的花生油,烧至七成热,下牛肉丝炒散,放甜面酱炒至断生,再放入甜椒丝、姜丝炒出香味,烹入芡汁,最后加入蒜苗段,翻炒均匀即成。

肉片滑熘卷心菜

此菜菜脆肉嫩,味道鲜美。含有丰富的蛋白质、脂肪、碳水化合物及钙、磷、铁、锌等多种矿物质和维生素。卷心菜中钙的含量比大白菜多2倍,粗纤维也较多。中医认为,卷心菜味甘、性平,有补骨髓、润五脏六腑、益心力、壮筋骨等功效。

【主料】 卷心菜400克,猪瘦肉150克。

【辅料】 花生油30克,酱油6克,精盐4克,味精2克,料酒5克,水淀粉20克,葱末、姜末各3克。

【制法】 ①将卷心菜洗净,切成1.5厘米宽的长条,再斜刀切成菱形块。猪肉切成小薄片,加适量水淀粉拌匀上浆。 ②炒锅上火,放入花生油15克烧热,先下肉片稍炒,再加葱末、姜末翻炒,等肉片变色,加入料酒、酱油炒匀装盘。 ③锅中再放入花生油15克烧热,下卷心菜,用旺火翻炒,放精盐,快熟时倒入熟肉片,翻炒均匀,用余下的水淀粉勾芡,放味精,炒匀即成。

出水芙蓉

此菜色、香、味、形俱佳。含有丰富的钙、磷、铁、维生素A、维生素B_1、维生素B_2、维生素C、维生素E等多种营养素。黄瓜含有柔软的细纤维,有促进肠道中的腐败物质排泄和降低胆固醇的作用,并含有能抑制糖转化为脂肪的丙二酸,对减肥有益,还具有滋润皮肤的作用。

【主料】 黄瓜2条(重约400克),西红柿2个(重约300克)。

【辅料】 白糖75克,糖桂花少许,水淀粉适量。

【制法】 ①取黄瓜1条,切下蒂部,再纵向剖开,切成0.5厘米厚的半月形片共约20片。余下的黄瓜去厚皮,切成长3厘米左右的条。 ②将半月形黄瓜片皮向外,码在盘边一周,呈荷叶花边状,将黄瓜条码在花边内沿。 ③将西红柿挖去蒂部,一个切成8瓣,码在盘中围成一圈,另一个西红柿从顶部交叉切3刀(不要切断),分成6瓣呈荷花状,放在盘中央,将切下的黄瓜蒂切面朝上,镶在荷花的中心,做成花中的小莲蓬。④将白糖放入锅内,加水 150 克,置小火上化开,加糖桂花少许,待水开后,用水淀粉勾成极薄的芡汁晾凉。⑤等菜上桌时,将芡汁均匀地浇在荷花、荷叶上,将沉淀下来的桂花放在小莲蓬周围作花蕊即成。

香辣黄瓜条

此菜色泽美观,香辣爽口,能增进食欲。富含铁、钾、胡萝卜素及维生素 C。

【主料】 黄瓜 250 克。

【辅料】 香油 10 克,精盐 3 克,白糖 30 克,白醋 15 克,干红辣椒、姜丝、花椒各适量。

【制法】①将黄瓜洗净,切成长条,用精盐拌匀,腌渍 20 分钟。干红辣椒切成小斜丝备用。②将白糖放入碗内,冲入开水 100 克凉透,加入白醋调成糖醋汁。③将腌好的黄瓜挤去水分,整齐地放入碗内,浇上调好的糖醋汁。把炒锅置火上,放入香油,下入辣椒丝,略煸出辣味,再下入姜丝稍炒,捞出姜丝、辣椒丝放在黄瓜条上。把花椒粒放入锅内,炸出香味,捞去花椒,将油倒在黄瓜条上,腌渍 3 小时即成。

蒜薹炒花生米

此菜红绿相间,清醇可口。含有丰富的维生素 B_1、尼克酸及维生素 C 等多种营养素。

【主料】 蒜薹 250 克,花生米 50 克。

【辅料】 花生油 40 克,酱油 8 克,精盐 2 克,白糖 5 克,料酒 5 克,水淀粉少许。

【制法】 ①将蒜薹择洗干净,切成2.5厘米长的段。花生米洗净,煮熟。 ②将炒锅置火上,放入花生油,烧至七成热,倒入蒜薹煸出香味,加入料酒、酱油、精盐、白糖及少许水烧沸,下入花生米,翻炒均匀,用水淀粉勾芡,盛入盘内即成。

三色银芽

此菜色泽美观,清脆爽口。含有丰富的维生素C及矿物质,还具有清热解毒、利小便等作用,适于孕早期妇女食用。

【主料】 绿豆芽150克,青、红柿子椒共60克,水发香菇30克。

【辅料】 熟花生油15克,香油3克,精盐3克,白糖3克。

【制法】 ①将绿豆芽洗净,青、红柿子椒均去蒂及子,水发香菇洗净,再将青椒、红椒、香菇分别切成丝备用。②将炒锅置火上,放入清水烧沸,下入绿豆芽焯至断生,捞出沥水晾凉。 ③将炒锅置火上,放入花生油烧热,下入青椒丝、红椒丝、香菇丝煸炒,加入精盐、白糖炒匀,放入盘内冷却,再加入绿豆芽拌匀,淋入香油即成。

肉丝榨菜汤

此汤肉嫩味美,清香利口。含有优质动物蛋白质、多种矿物质和维生素,并能补充人体需要的水分,适宜孕妇食用。

【主料】 猪瘦肉100克,榨菜50克,香菜少许。

【辅料】 香油5克,精盐2克,味精1克,料酒、鲜汤各适量。

【制法】 ①猪瘦肉洗净切成细丝。榨菜洗去辣椒糊,也切成细丝。香菜择洗干净,切段。 ②将汤锅置火上,加入鲜汤(或清水)烧开,下肉丝、榨菜烧沸,加精盐、味精、料酒、香菜,淋香油,盛入汤碗内即成。

脆爆海带

此菜外脆内嫩,味道浓香。含有丰富的碘、铁、钙、蛋白质、脂肪等多种营养素。海带的含腆量高,常食可有效地预防甲状腺肿,促进胎儿生长发育。在油腻的食物中加些海带,可减少脂肪在体内的积存,预防高血脂症、冠心病、高血压病的发生。

【主料】 水发海带 150 克,面粉 25 克。

【辅料】 香油 5 克,酱油 8 克,精盐 2 克,白糖 3 克,醋 2 克,料酒 5 克,水淀粉 10 克,蒜泥 5 克,花生油 300 克(约耗 50 克)。

【制法】 ①将水发海带择洗干净,切成斜角块,用面粉挂糊,放入六成热的油内炸至面糊略干后捞出;待油烧至八成热,再放入炸至外壳色泽黄亮,捞起。 ②锅内留油 15 克烧热,倒入用酱油、精盐、白糖、醋、料酒、蒜泥调好的味汁,烧开后用水淀粉勾芡,下入炸好的海带,翻炒均匀,淋入香油,盛入盘内即成。

白扒银耳

此菜色泽悦目,清爽脆嫩,为滋补佳肴。银耳是一种名贵的滋补品，含有17种氨基酸和多种维生素及苷糖，人称"菌中之冠"，具有补肾、润肺、生津、提神、益气、健脑、嫩肤、去除肌肉疲劳等功效。

【主料】　干银耳25克，豆苗50克。

【辅料】　熟鸡油15克，精盐3克，味精、料酒各2克，水淀粉适量。

【制法】　①将银耳用水泡发，去根、洗净，再用沸水闷软。豆苗取其叶洗净。　②炒锅上火，放入适量清水，下精盐、味精、料酒，调好口味，放入银耳烧2~3分钟，用水淀粉勾芡，淋入熟鸡油，大翻锅拖入盘内。豆苗用沸水焯熟，撒在银耳上即成。

绣球黑木耳

此菜形象逼真，鲜美可口。含有丰富的蛋白质、碳水化合物、钙、磷、铁、维生素 B_1、维生素 B_2、胡萝卜素等多种营养素。黑木耳在国内外市场上均有很高声誉，被人们称为"素中之肉"。它还具有补血、止血、镇静、益气强身等功效，是中医治疗产后虚弱等病症的常用配方药物。

【主料】　黑木耳、瘦火腿、冬笋各25克，发菜10克，鱼茸250克，净笋40克，鸡蛋皮50克，鸡蛋清1个。

【辅料】　熟猪油50克，香油10克，精盐4克，味精1克，姜末15克，水淀粉30克，鲜汤50克。

【制法】　①将木耳用温水泡发，择洗干净。冬笋切片。蛋皮、火腿、净笋分别切丝，放入盘内加发菜拌匀成混合丝。　②将鱼茸放入碗内，加入姜末、鸡蛋清、水淀粉和适量精盐，搅成鱼糊，并挤成枣大的丸子，在混合丝内滚几下，摆入平盘内上笼蒸透。 ③炒锅上火，放猪油烧热，下笋片、木耳煸炒几下，加鲜汤、味精和余下的精盐烧沸，再放入蒸好的绣球，用水淀粉勾芡，淋入香油，起锅装盘即成。

淡菜海带冬瓜汤

此菜汤汁乳白，口味清香。含有丰富的蛋白质、钙、铁、锌、碘等多种营养素。

【主料】 淡菜50克，水发海带100克，冬瓜200克。

【辅料】 花生油20克，精盐5克，味精2克，料酒10克，葱段8克，姜片4克。

【制法】 ①将淡菜用冷水泡软，去净泥沙及毛，放入锅内，加入清水少许、葱段、姜片、料酒，用中火煮至酥烂。海带洗净，切成菱形块。冬瓜去净皮及子洗净，切成厚片备用。②将炒锅置火上，放入花生油烧热，下入冬瓜片、海带块煸炒2分钟，加入开水1000克，用中火煮10分钟，再放入淡菜及原汤，用大火煮5分钟，待冬瓜、海带已烂，加入精盐、味精，盛入汤碗内即成。

五彩鲜蔬汤

此菜汤味香浓，营养丰富。富含维生素A、维生素C、叶酸、钙、铁、碘等多种营养素。

【主料】 西红柿50克，黄瓜50克，紫菜10克，鸡蛋1个。

【辅料】 熟猪油6克，香油2克，精盐3克，味精1克，胡椒粉1克，鲜汤300克。

【制法】 ①将西红柿去子切成大片。黄瓜切成长片。鸡蛋磕破,放入碗内调散。紫菜洗净,撕碎,放入汤碗内。 ②将炒锅置火上,放入鲜汤烧开,加入熟猪油、黄瓜片、西红柿片、精盐、味精烧开,稍煮,淋入鸡蛋液,盛入放有紫菜的汤碗内,淋入香油,撒上胡椒粉即成。

香蕉酸乳汁

此汁色泽金黄,酸甜适口。富含丰富的钾、酪蛋白和一定的碳水化合物。具有清肠、健胃之功效,很适宜便秘者和食欲欠佳者饮用。

【主料】 香蕉200克,酸乳200克,柠檬汁250克。

【辅料】 蜂蜜适量。

【制法】 ①将香蕉去皮,捣烂成泥。 ②将香蕉泥放入洁净盆内,加入酸乳混和均匀,再调入蜂蜜和柠檬汁即成。

红果茶

此果茶色泽红艳,酸甜凉爽,消食开胃。红果营养丰富,含铁和钙较多。在100克果实中含钙85毫克,其含钙量居各种果品之首。其维生素C的含量仅次于鲜枣,比苹果多17倍。中医认为,山楂味酸、甘,性微温,入脾胃、肝经,是常用的消食药,具有活血散瘀、清积、化痰、解毒、止血等功效。红果中所含的红果酸和脂肪酶,有消化肉食的作用,还能扩张动脉血管、改善心脏活力、降低血压和血脂。它是妊娠早期的孕妇极为可口的营养保健食品。

【主料】 红果500克。

【辅料】　白糖250克。

【制法】　①将红果择洗干净，用小刀挖去蒂及子。　②将锅置火上，放入清水1000克，下红果烧沸后，转微火慢煮，至红果软烂，用漏勺挤碎，加入白糖继续熬煮2分钟，视果茶呈稀粥状，装入盛器，冷却即成。

碧海珊瑚

此菜清甜香滑，透明晶莹。富含维生素C和钙、磷、铁等营养素，有开胃、助消化作用，是妊娠早期孕妇的夏季美食。

【主料】　琼脂5克，什锦水果（菠萝、荔枝、橘子、樱桃等）适量。

【辅料】　白糖100克。

【制法】　①将琼脂洗净，放入沙锅内，倒入清水200克，将其煮溶后过罗，加入白糖再煮溶，盛入盆内。　②什锦水果切成小丁，放入琼脂溶液内搅匀，分别盛入10个小玻璃杯内，冷却凝固后取出即成。

香椿拌豆腐

此菜软嫩可口，气味芳香。含有丰富的大豆蛋白质以及脂肪酸、钙、磷、铁等矿物质，还含有较丰富的胡萝卜素、核黄素和维生素C，适宜孕早期的妇女食用。

【主料】　豆腐300克，香椿100克。

【辅料】　香油10克，精盐适量。

【制法】　①将豆腐用开水烫一下，切成0.7厘米见方的小丁，放入盘内。香椿择洗干净，用开水烫一下，挤去水分，切成末,放在豆腐上面。 ②食用时,加入精盐、香油,拌匀即成。

烧豆腐丸子

成菜中的豆腐丸子有海带炖肉的滋味,海带与肉有豆腐的鲜味,三者相配,各取所长,荤素兼有,别具风味。豆腐中含有钙、磷及钠、钾等矿物质,并富含维生素 B_1,海带含碘丰富,猪瘦肉含优质蛋白质,常食对孕产妇有很好的滋补作用。

【主料】 豆腐 250 克,肉末 50 克,海米 15 克,海带丝 200 克,猪五花肉 250 克。

【辅料】 酱油 50 克,精盐、味精各 2 克,干淀粉、葱末、姜末各 10 克,花生油 400 克(约耗 50 克)。

【制法】 ①将豆腐捣碎,加肉末、海米、葱末、姜末、精盐、味精、干淀粉搅匀,做成大丸子,放入烧至五六成热的油锅内炸好。 ②将五花肉切块红烧后加入海带丝,再炖 1 小时备用。 ③将豆腐丸子放入红烧肉和海带内,用文火炖 10 分钟后即可食用。

四喜豆腐

此菜香软可口。富含钙、维生素 B 和维生素 C,适于孕早期妇女食用。

【主料】 豆腐 150 克,油菜 100 克,胡萝卜 100 克,水发木耳 100 克,水发香菇 20 克。

【辅料】 香油 10 克,熟花生油 10 克,酱油 5 克,精盐 5 克,味精 3 克,干淀粉 15 克,水淀粉 5 克,葱末 10 克,姜末5克，鲜汤150克。

【制法】 ①将豆腐捣成泥，放入碗内，加入少许精盐和干淀粉拌匀。②将油菜洗净，放入沸水锅内焯至断生，切末。胡萝卜、木耳、香菇均洗净切末，与油菜末同放碗内，加入适量香油、精盐、味精和熟花生油、葱末、姜末拌匀成馅。③用豆腐泥包菜馅，做成4个大丸子，放入盘内，上笼蒸熟。把鲜汤放入锅内，置火上烧沸，加入余下的精盐、味精尝好口味，用水淀粉勾芡，淋入余下的香油，浇在豆腐丸子上即成。

水煮肉片

此菜色泽红亮，麻辣浓香。含有丰富的蛋白质、钙、磷、铁、胡萝卜素、尼克酸、维生素C等多种营养素。适于喜食麻辣的孕妇选用，同时宜作为冬季的御寒菜肴。

【主料】 猪通脊肉150克，鸡蛋清1个，嫩白菜叶100克，鲜汤250克。

【辅料】 豆瓣辣酱8克，酱油5克，料酒3克，精盐2克，味精2克，混合油（猪油、花生油各半）60克，干淀粉8克，葱6克，干辣椒3克，花椒3克，姜2克。

【制法】 ①将猪肉切成薄片，放入碗内，加入精盐、干淀粉、鸡蛋清及少许水拌匀上浆。白菜叶洗净切成小块。葱切段。姜切片。②将炒锅置火上，放入部分混合油烧热，下入花椒、干辣椒炸出香味，捞出沥油，剁成末。③将原锅置火上，用旺火烧热，下入豆瓣辣酱煸炒一下，加入葱段、姜片、酱油、料酒、味精炒匀，加入鲜汤、白菜略炒几下，下入浆好的肉片，煮几分钟，把肉片盛入碗内，撒上剁碎的干辣椒、花椒末。再把余下的混合油烧热，淋在肉片白菜上，使热油把干辣椒、花椒末、肉片再浸烫一下（这样麻辣味更浓香）即成。

牡蛎炒鸡蛋

此菜色泽金黄，鲜美适口。含锌高，并含有优质蛋白质、钙、铁、维生素A等多种营养素。

【主料】 牡蛎100克，鸡蛋2个。

【辅料】 花生油20克，料酒5克，精盐、葱末、姜末各适量。

【制法】 ①将牡蛎去壳洗净，沥干，切成丝，放入碗内，再磕入鸡蛋搅拌均匀。 ②将炒锅置火上烧热，放入花生油烧热，下入葱末、姜末爆出香味，倒入调好的鸡蛋牡蛎，加入精盐，待鸡蛋牡蛎凝固，烹入料酒炒匀，盛入盘内即成。

蟠龙卷切

此菜白中透黄，鲜香爽嫩，有是肉非肉之感，味美适口。含有丰富的蛋白质、脂肪、碳水化合物和钙、磷、铁、锌、维生素A、维生素B_1、维生素B_2、维生素E、尼克酸等多种营养素。

【主料】 猪瘦肉、猪肥膘肉各250克，鸡蛋2个。

【辅料】 香油35克，熟猪油7.5克，精盐3克，干淀粉75克，葱末10克，姜末5克。

【制法】 ①将肥膘肉切成丝。猪瘦肉剁成茸，分数次加少许清水搅匀，沉淀后滗净浑水，至呈粉白色时，倒入纱布内，挤去水分装盆，加入精盐、大部分干淀粉、1个鸡蛋的蛋清、葱末、姜末及清水125克，搅拌成黏稠糊，倒入肥膘肉丝一起拌匀。②炒锅置中火上烧热，用少许香油滑锅，取另1个鸡蛋和余下的1个蛋黄搅匀打成蛋液，摊成1张蛋皮，从中切开成2张，用余下的干淀粉抹匀，把肉茸糊分成2份，放在蛋皮上，逐个卷成长筒蛋卷，摆在湿布上晾凉湿润。③将蛋卷放入盘内，入笼蒸20分钟取出晾凉，切成0.3厘米厚的片。④将蛋卷片衔接盘旋地码在抹有熟猪油的碗内，用旺火蒸15分钟取出，翻扣盘内即成。

糖醋排骨

此菜色泽油亮，酸甜适口。排骨含钙、磷较丰富，加醋烹调，钙容易溶解吸收，是孕妇妊娠初期的可口菜肴和保健佳品。

【主料】 猪排骨500克。

【辅料】 香油10克，白糖50克，醋25克，料酒20克，红糟2克，精盐5克，花生油500克（约耗50克），葱末、姜末各适量。

【制法】 ①将排骨洗净，剁成8厘米长的骨牌块，放入盆内，加入适量盐水腌渍4小时左右。②炒锅上火，放入花生油，烧至六七成热，下排骨浸炸片刻捞出。③原锅留底油置火上，下葱末、姜末炝锅，速下排骨、开水、白糖、醋、料酒，用文火煨20分钟左右，待肉骨能分离，加红糟，收汁，淋香油即成。

酸甜猪肝

此菜色泽深红，味道酸甜，软嫩适口。含有丰富的优质蛋白质及易被人体吸收利用的铁、锌等矿物质，并含有丰富的维生素 A、维生素 D、维生素 B_{12}、维生素 C 及尼克酸，孕妇多食可预防贫血。

【主料】 猪肝 250 克，菠萝肉 75 克，水发木耳 30 克。

【辅料】 香油 7 克，白糖 20 克，醋 10 克，酱油 7 克，水淀粉 35 克，葱段 10 克，花生油 500 克（约耗 50 克）。

【制法】 ①将猪肝、菠萝肉分别切成小片。木耳择洗干净撕成小片。把猪肝片放入碗内，加酱油和适量水淀粉拌匀上浆。 ②炒锅上火，放入花生油，烧至六成热，下猪肝滑熟，捞出沥油。 ③原锅留底油，放入葱段、木耳、菠萝肉，略炒几下，加入醋、白糖，沸后用余下的水淀粉勾芡，倒入猪肝翻炒均匀，淋香油，盛入盘内即成。

香酥鹌鹑

此菜色泽红亮，味咸微甜，香酥鲜嫩。含有丰富的优质蛋白质、钙、铁等多种矿物质和维生素。李时珍的《本草纲目》中记载，鹌鹑有"补五脏，益中续气，实筋骨，耐寒暑，清结热"之功效，是疗效食物中的上品。因此，鹌鹑肉、蛋宜于孕妇、产妇食用。

【主料】 鹌鹑 5 只，生菜 200 克。

【辅料】 酱油 15 克，精盐 1.5 克，料酒 25 克，花椒盐、辣酱油各 5 克，白糖、醋、葱、姜各 10 克，花椒 10 粒，大料 2 瓣，干淀粉 25 克，花生油 500 克（约耗 75 克）。

【制法】 ①将鹌鹑闷死，拔净毛，开背去内脏，洗净，用开水余烫一下捞出，放入冷水内洗净，放碗内，加酱油、精盐、料酒、白糖、醋、花椒、大料，添入与鹌鹑持平的水，调好味。葱切段，姜拍松均放鹌鹑碗内。 ②将盛鹌鹑的碗盖严，土笼用旺火沸水蒸至断生取出，去掉汤水和调配料，用干淀粉抹匀鹌鹑皮表面，稍晾片刻待炸。 ③炒锅上火，放入花生油，烧至八成热，放入鹌鹑炸两遍，使鹌鹑皮起脆，捞出用洁净的纱布包住用手拍松，去掉纱布装盘，四周围以生菜叶，随花椒盐、辣酱油上桌食用。

盐水白鸡

此菜清淡爽口，味鲜肉嫩。含有丰富的优质蛋白质、脂肪、钙、磷、铁、锌等多种矿物质及维生素 B_1、维生素 B_2、维生素 B_6、维生素 B_{12}、尼克酸等。中医认为，鸡肉味甘、性温、大补，有益五脏、补虚损、健脾胃、强筋骨、活血调经等功效。对于体弱、久病体虚、产后亏损等均有很好的补益作用。

【主料】 净雏母鸡1只（重约1000克）。

【辅料】 精盐10克，料酒15克，葱段、姜片各25克，花椒少许。

【制法】 ①用刀在鸡的肛门下竖着割开5厘米长的口，取出内脏，剁去鸡爪，洗去血水，放入锅内煮至六七成熟，捞出洗净。 ②锅置火上，放入清水2000克和鸡，加入葱段、姜片、花椒、精盐、料酒，烧开后撇去浮沫，再转微火煮熟，倒入盆内晾凉。 ③食用时，将鸡捞出剁成块，或去骨后片成片，码入盘内即成。

熘鸡脑

此菜以鸡蛋为主料制成，色泽橙黄，鸡脑软滑，配以火腿、马蹄，滋味更加鲜美。含有丰富的优质蛋白质、脂肪、碳水化合物、钙、磷、铁、锌及维生素 A、维生素 B_1、维生素 B_2、维生素 D、维生素 E、硫胺素等营养素。

【主料】 鸡蛋5个，熟火腿、水发香菇各15克，马蹄、面粉各50克，鲜汤200克。

【辅料】 酱油13克，白糖6克，醋8克，料酒6克，精盐2克，味精1克，水淀粉28克，葱花3克，香油400克（约耗80克）。

【制法】 ①将马蹄去蒂、削皮，洗净，与火腿、香菇分别切成绿豆大小的丁。 ②将鸡蛋4个磕入碗内搅散，加入水淀粉14克、精盐1克、葱花、香菇、马蹄、火腿、味精0.5克、料酒、鲜汤120克调匀，连碗上笼，用旺火蒸10分钟成鸡脑，取出晾凉（蒸时笼盖不要盖严，火大水沸时，要不断加入冷水，以免蒸坏）。 ③将晾凉的鸡脑切成3.3厘米长、1.6厘米宽的鸡脑条盛入盘内。 ④取鸡蛋1个磕入碗内，加入面粉和少许精盐、水及香油15克，搅拌成糊，放入鸡脑条粘匀。 ⑤用白糖、酱油、醋和余下的精盐、味精、鲜汤、水淀粉调成卤汁。 ⑥炒锅置旺火上，放入香油烧至六成热，把鸡脑条逐条下锅炸3分钟捞出。待锅内油烧至八成热时，再将鸡脑条放入炸2分钟捞出。 ⑦原锅倒去余油置旺火上，加入香油15克烧热，倒入卤汁烧沸，下鸡脑条，翻炒几下，盛入盘内即成。

清蒸大虾

此菜色泽红艳，清鲜适口。含有丰富的优质蛋白质、维生素 A、尼克酸及多种矿物质。

【主料】 带皮大虾500克。

【辅料】 香油 10 克，料酒、酱油各 15 克，味精 2 克，醋 25 克，鲜汤 50 克，葱、姜、花椒各适量。

【制法】 ①将大虾洗净，剁去腿、须，摘除沙袋、沙线和虾脑。葱切条。姜一半切片，一半切末。 ②将大虾摆入盘内，加入料酒、味精、葱条、姜片、花椒和鲜汤，上笼蒸 10 分钟左右取出，拣去葱、姜、花椒装盘。 ③用醋、酱油、姜末和香油对成汁，供蘸食。

肉片烧海参

此菜色泽金红，味道鲜美。海参是高蛋白、低脂肪食品，每 100 克海参含蛋白质 61.6 克，而脂肪只含 0.9 克，它的矿物质含量也很高，将其制作成滋补食品，有很好的健身作用。

【主料】 水发海参 200 克，猪通脊肉 75 克，水发冬菇、冬笋各 25 克，火腿 20 克。

【辅料】 葱油 30 克，酱油 25 克，精盐 1 克，白糖 3 克，鸡蛋清半个，水淀粉 25 克，鲜汤 130 克，花生油 400 克（约耗 50 克），葱、姜、料酒、味精各适量。

【制法】 ①将海参择洗干净，竖着片成长坡刀条。猪通脊肉切薄片。水发冬菇去蒂一片两半。冬笋切片。火腿切菱形片。葱、姜均洗净切末。 ②将水发海参放入沸水锅内氽一下，捞出沥净水分。肉片放入碗内，加入少许酱油、料酒抓匀，再加入鸡蛋清及适量水淀粉拌匀上浆。 ③炒锅上火，放入花生油，烧至四五成热，下肉片滑开，待七八成熟，倒入漏勺沥油。 ④炒锅内留油 20 克烧热，下葱末、姜末各少许炝锅，加入适量鲜汤（或水）、酱油、料酒，加入肉片和精盐少许稍炒，用水淀粉勾芡，加入少许味精，盛入盘内。 ⑤炒锅置火上,放入适量花生油,下葱末、姜末炝锅,放入海参、酱油略炒,倒入鲜汤,加料酒、白糖、冬菇、笋片、火腿,开锅烧一会儿,撇去浮沫,调好口味,用水淀粉勾芡,加入味精、葱油搅匀,盛盖在盘中的肉片上即成。

清炖鲫鱼

此菜味鲜美,汤菜俱备。鲫鱼含有丰富的蛋白质,并且对神经系统的健康起重要作用。

【主料】 鲫鱼250克,香菇30克,水发玉兰片60克。

【辅料】 花生油25克,葱段10克,姜片5克,精盐3克,味精1克,胡椒粉1克。

【制法】 ①将鲫鱼剖腹,去鳞、鳃及内脏,洗净。香菇用热水泡发,洗净去蒂,切丝。玉兰片切成丝备用。 ②将炒锅置火上,放入花生油烧热,放入鲫鱼,两面煎黄。 ③将炒锅置火上,加入清水烧开,放入煎好的鲫鱼和香菇丝、玉兰片丝、葱段、姜片,用大火煮开,转用小火,炖至汤白,加入精盐、味精、胡椒粉调好口味,盛入汤碗内即成。

锅熘带鱼

此菜色泽金黄,肉质软嫩,鲜香不腻。含有丰富的优质蛋白质、钙质、维生素A等多种营养素。

【主料】 鲜带鱼500克,鸡蛋150克,面粉50克。

【辅料】 花生油100克,香油、酱油、料酒、葱末各25克,精盐2克,白糖5克,味精2克,姜末10克,蒜末15克。

【制法】 ①将带鱼剁去头和尾尖,剖腹去内脏,刮掉腹内壁上的黑膜，冲洗干净，剁成10厘米长的段，放入盆内，加入部分料酒、精盐、酱油、葱末、姜末拌匀，腌渍2小时左右。鸡蛋磕入碗内，搅匀备用。 ②炒锅上火，放入花生油，烧至温热，把腌好的带鱼段两面均粘上一层面粉，再裹匀一层鸡蛋液，分多次放入，用微火把两面均煎至呈金黄色取出。③原锅留底油，烧至温热，下余下的葱末、姜末和蒜末，煸出香味，烹入余下的料酒，再放入清水400克，加余下的酱油、精盐和白糖、味精和煎好的带鱼段，用微火将汁煸至微浓，使带鱼入味，淋入香油，盛入盘内即成。

鱼头木耳汤

此菜鲜嫩肥香，清淡味美。含有丰富的优质蛋白质、脂肪、钙、磷、铁、锌、维生素 B_1、维生素 B_2、维生素 C、维生素 E、尼克酸等多种营养素。

【主料】 胖头鱼头1个(重约350克)，水发木耳、油菜各50克，冬瓜100克。

【辅料】 熟猪油100克，精盐10克，味精2克，白糖10克，胡椒粉1克，料酒25克，葱段、姜片各10克，花生油少许。

【制法】 ①将鱼头刮净鳞、去鳃片、洗净，在颈肉两面各划两刀，放入盆内，抹上适量精盐。冬瓜切片。油菜片薄片。木耳择洗干净。 ②炒锅上火，倒花生油少许滑锅，放入猪油100克，把鱼头沿锅边放入，煎至两面均呈黄色时，烹入料酒，加盖略焖，加白糖、余下的精盐、葱段、姜片、清水，用旺火烧沸，盖上锅盖，用小火燀20分钟。待鱼眼凸起、鱼皮起皱纹、汤汁呈乳白色而浓稠时，放入冬瓜、木耳、油菜，

加味精、胡椒粉、烧沸后出锅装盆即成。

草莓绿豆粥

此粥色泽鲜艳、香甜适口。含有丰富的蛋白质、碳水化合物、钙、磷、铁、锌、维生素C、维生素E等多种营养素。中医认为，绿豆味甘、性寒，有清热解毒、消暑利水等功效。

【主料】 糯米250克，绿豆100克，草莓250克。

【辅料】 白糖适量。

【制法】 ①将绿豆拣去杂质，淘洗干净，用清水浸泡4小时。草莓择洗干净。 ②将糯米淘洗干净，与泡好的绿豆一并放入锅内，加入适量清水，用旺火烧沸后，转微火煮至米粒开花、绿豆酥烂时，加入草莓、白糖搅匀，稍煮一会儿即成。

什锦果汁饭

此饭为西式饭，色泽美观，味道香甜。含有丰富的蛋白质、碳水化合物、维生素A、维生素B_1、维生素B_2、维生素D、维生素C和钙、磷、铁、锌、尼克酸等多种营养素。

米粒中营养成分的分布不均匀，除淀粉外，其他营养成分大多贮藏在胚芽和外膜中。故米粒碾得越精白，被碾掉的胚芽及外膜就越多，营养成分损失也越多。标准米中有较多的胚芽及外膜，保存了大部分营养素，因此在以大米为主食的地区最好选用标准米。

【主料】 标准米、牛奶各250克，白糖200克，苹果丁100克，菠萝丁50克，蜜枣丁、葡萄干、青梅丁、碎核桃仁各25克。

【辅料】　番茄沙司、玉米淀粉各 15 克。

【制法】　①将标准米淘洗干净,放入锅内,加入牛奶和适量清水焖成软饭,再加入白糖 150 克拌匀。　②将番茄沙司、苹果丁、菠萝丁、蜜枣丁、葡萄干、青梅丁、碎核桃仁放入锅内,加入清水 300 克和白糖 50 克烧沸,用玉米淀粉勾芡,制成什锦沙司。　③将米饭盛入小碗内,然后扣入盘中,浇上什锦沙司即成。

广东菠萝炒饭

此炒饭放入菠萝壳内,菠萝的香味焗于饭中,富有岭南果味香,醒胃可口。富含钙、铁、维生素 C 及优质蛋白质。

【主料】　带皮鲜菠萝 1 个、白米饭 100 克、熟虾肉 25 克、叉烧肉丁 40 克、鸡蛋 1 个、葱花、香菜叶各适量。

【辅料】　花生油 15 克,精盐 5 克。

【制法】　①将菠萝切去顶部,作盖用,用刀把菠萝肉掏出。再把菠萝肉及菠萝壳分别放入淡盐水中稍浸泡,捞出沥干水分。菠萝肉切成小丁。鸡蛋磕入碗内,搅打均匀。　②将炒锅置中火上烧热,放入花生油,倒鸡蛋液炒散,再放入白米饭、叉烧肉丁、熟虾肉炒至香味溢出,加入葱花、精盐调味,再加入菠萝丁炒匀,盛入菠萝壳内,放入香菜叶,盖上顶盖即成。

三鲜炒饼

此饭荤素适中,营养成分易被吸收。富含优质蛋白质、维生素 C、钙、铁、锌等多种营养素。

【主料】　大饼 125 克、水发海参、熟虾仁、熟鸡肉共

60 克, 净竹笋 20 克, 净油菜 120 克, 熟火腿 10 克。

【辅料】 花生油 40 克, 酱油 12 克, 精盐 2 克, 味精 1 克, 料酒 5 克, 鲜汤、葱末、姜末、蒜末各少许。

【制法】 ①将大饼切成丝。海参、熟鸡肉、火腿、竹笋、油菜均切成片。把炒锅置火上, 放入清水烧开, 下入海参片、竹笋片、油菜片稍焯, 捞出沥水。 ②将炒锅置火上, 放入适量花生油烧热, 下入饼丝煸炒成金黄色, 盛入盘内。原锅洗净, 置火上烧热, 放入余下的花生油烧热, 下入葱末、姜末、蒜末爆香, 倒入虾仁、海参、鸡肉、火腿、竹笋、油菜煸炒片刻, 烹入料酒, 加入酱油、精盐、味精调好味, 捞出各料, 留汁待用。 ③将煸好的饼丝倒入锅内, 翻炒几下, 使汁浸入饼内, 盛入盘内, 再把三鲜料放在饼丝上即成。

鸡汤馄饨

此馄饨汤色美观, 馄饨软滑, 易消化, 增进食欲。铁、维生素 A、尼克酸含量较多。

【主料】 面粉 150 克, 虾仁 60 克, 海参 60 克, 水发香菇 60 克, 香菜 50 克, 紫菜 12 克。

【辅料】 香油 30 克, 酱油 5 克, 精盐 5 克, 味精 2 克, 鸡汤、干淀粉各适量, 葱末、姜末各少许。

【制法】 ①将面粉放入碗内, 加入清水 75 克和成面团, 稍饧, 擀成大薄片, 边擀边撒上干淀粉。擀薄后, 切成若干张方形皮子。 ②将虾仁剁成茸, 海参切成丁, 香菇切成小碎粒。把虾仁茸、海参丁、香菇粒放入碗内, 加入酱油、适量精盐、味精和葱末、姜末及少许香油拌匀成馅。然后分别用馄饨皮包上适量馅。 ③将锅置火上, 放入鸡汤加入少许开水煮馄饨，开锅煮熟后，加入紫菜、香菜和余下的精盐、味精、香油调匀即成。

猪肉酸菜包

此包面皮暄软，馅心软嫩鲜香。富含蛋白质、脂肪、碳水化合物、钙、磷、铁、锌和维生素E、维生素C及尼克酸等营养素。

精面粉含脂肪少，易保存，其植酸及纤维素含量也较少，故消化吸收率比标准粉高，但其蛋白质组成中赖氨酸的含量较低，不及大米。食用时如能和大豆或动物性食品混合，其营养价值可明显提高。

【主料】 精面粉400克，猪肉、面肥各150克，酸菜丝700克。

【辅料】 熟猪油、香油各50克，酱油15克，精盐5克，花椒粉2克，食碱适量，葱花15克，姜末7.5克，味精少许。

【制法】 ①猪肉剁成末，用熟猪油煸炒断生，加入酱油、精盐、味精炒匀，出锅晾凉，再加入葱花、姜末、花椒粉、香油及酸菜丝，拌匀成猪肉酸菜馅。 ②面粉放入盆内，加入面肥和200克温水和成面团，放在温暖处发酵。视面发起，上案对好食碱，揉匀稍饧。 ③将面团搓成条，揪成20个剂子，用手揉圆压扁成包子皮。 ④一手托皮，皮中心放入适量肉馅，一手提边，每个小包捏约20个褶收口，全部包完后放入笼屉内蒸15分钟即熟。

五色豆沙包

此豆沙包色泽鲜艳，松软香甜。能提供人体必需的蛋白质和碳水化合物，还含有较多的 B 族维生素和矿物质。面粉蛋白质和豆类蛋白质混合食用，其营养价值将明显提高，吃豆沙包就是一种科学的食用方法。

【主料】　精面粉 500 克，鸡蛋黄 3 个，豆沙馅 250 克，　山楂糕、青梅各 50 克。

【辅料】　白糖 100 克，熟猪油 20 克，面肥 50 克，食碱适量。

【制法】　①将 350 克面粉放入盆内，加入面肥及清水 175 克和成面团，待酵面发起，加食碱揉匀，取 4/7 面团掺入熟猪油揉匀，另外 3/7 面团分成 2 块备用。　②蛋黄放入碗内打散，加入面粉 75 克、白糖 50 克及上述备用的一块面团，揉匀成黄色面团稍饧。　③山楂糕用刀面压碎，加入白糖 50 克、干面粉 75 克及剩余的另一块面团，搓光揉匀成红色面团稍饧。　④将白面团放案板上，搓成条，擀成长方形面片，黄面团也擀成同样大的片盖在白面片上，红面团也擀成同样大的片铺在黄面片上，然后从一端卷起成长卷，揪成 20 个剂子，逐个按扁，包入豆沙馅成圆球形。再用小刀片在圆球的周边斜着转划 5~6 刀，呈斜平行裂道。用手指在圆球中心按成凹形，将青梅切成 20 个小薄片，分别放入凹处，码入屉内，上笼蒸 15 分钟即成。

玉带糕

此糕美观大方，暄软香甜。含有丰富的优质蛋白质、碳水化合物、钙、磷、铁、锌、维生素 A、维生素 B_1、维生素 B_2、维生素 D、维生素 E、尼克酸等多种营养素。

【主料】　熟面粉 350 克，鸡蛋、白糖各 500 克，豆沙馅 400 克。

【辅料】 青梅、山楂糕各 15 克,葡萄干 10 克,香油少许。

【制法】 ①将鸡蛋磕开,把蛋清、蛋黄分别放在两个小盆内,先把白糖倒入蛋黄盆内搅匀,再把蛋清抽打成泡沫状,也倒入蛋黄盆内搅匀,最后加入熟面粉,搅成蛋糊。 ②将木框放在屉内,铺上屉布,倒入 1/2 蛋糊,用旺火蒸 15 分钟取出,在蛋糕坯上铺匀用香油调好的豆沙馅,再倒入剩余的蛋糊铺平,表面用青梅、山楂糕、葡萄干码成花卉形,再蒸 20 分钟即熟,晾凉后切成 10 厘米长、3.3 厘米宽的块即成。

温拌面

此面咸香爽口。含有丰富的蛋白质、碳水化合物、脂肪、钙、磷、铁、锌、维生素 B_1、维生素 B_2、维生素 C、维生素 E 等多种营养素。

【主料】 面条 300 克,黄瓜丝、熟白肉丝各 20 克,咸香椿 10 克。

【辅料】 鲜汤 50 克,酱油 20 克,醋 5 克,芝麻酱 20 克,香油、精盐各少许。

【制法】 ①将芝麻酱加少许精盐和水澥开。香椿切末。把酱油、醋、鲜汤、香油放入小碗内对成汁。 ②将面条煮熟过温水,挑入碗内,依次放入黄瓜丝和白肉丝,将香椿末放在最上面,浇入芝麻酱和对好的汁即成。

蜜汁红薯

此品晶亮红润,甜软香郁。红薯营养丰富,每 100 克可供

热能80~120千卡,其蛋白质的氨基酸组成与大米近似,赖氨酸的利用率比小麦、玉米高。它含有谷类所没有的维生素C,每100克红薯平均含维生素C 30毫克,超过某些蔬菜、水果。红心或黄心红薯还含有较多的胡萝卜素。因而此点是妊娠期、哺乳期妇女的美食。

【主料】 红心红薯500克,红枣50克。

【辅料】 蜂蜜100克,冰糖50克,花生油500克(约耗50克)。

【制法】 ①将红薯洗净,去皮,先切成长方块,再分别削成鸽蛋形。红枣洗净去核,切成碎末。 ②炒锅上火,放油烧热,下红薯炸熟,捞出沥油。 ③炒锅去油置旺火上,加入清水300克,放冰糖熬化,放入过油的红薯,煮至汁黏,加入蜂蜜,撒入红枣末推匀,再煮5分钟,盛入盘内即成。

小米面蜂糕

此糕面细味香,暄软适口。碳水化合物、蛋白质含量极高, 而且还是维生素B_2的丰富来源。

【主料】 小米面500克,面粉50克,山楂糕、青梅各适量。

【辅料】 鲜酵母10克。

【制法】 ①将山楂糕、青梅分别切成小丁备用。 ②将面粉加鲜酵母和较多的温水和成稀面糊,静置发酵。待发酵后,加入小米面和成软面团发好。 ③将蒸锅内的水烧开,铺上屉布,把和好的面团放入屉上,用手沾水拍平,撒上山楂糕丁、青梅丁,盖严锅盖,用旺火蒸15分钟,取出切成小菱形块即成。

二、孕中期食谱

孕中期是指妇女怀孕3个月以后至7个月（13~27周）。

此期是胎儿迅速发育的时期，已形成的器官虽未成熟，但有的已具有一定的功能。到怀孕第20周时，胎儿大脑细胞不再增加，但脑内磷脂含量和胆固醇含量迅速增多，为大脑的功能发育奠定物质基础。同时，胎儿的骨骼开始骨化，心脏肌肉开始收缩，肾、肝也逐步完成形态的发育。到中期末，胎儿体重已达1000克。

在此期间，孕妇本身体重增加明显，所增体重可占整个孕期体重增长的60%，皮下脂肪贮存量达到总贮量的70%。由于血浆增加较多而红细胞增加较少，有的孕妇会出现妊娠生理性贫血。因体内水分增多，血容量增加，身体各系统功能加强，孕妇体内的负担增加，同时孕妇体内要开始储备多种营养物质，以便满足晚期胎儿生长发育和哺乳期营养供给的需要，以及应付分娩时的损失，故这时对孕妇特别需要供给富含蛋白质、脂肪、钙和铁等营养素的食物，以确保上述多方面的需求。

孕中期要增加蛋白质的摄入量，以平均每日增加蛋白质15克为宜，其中动物蛋白质应占蛋白质总量的1/2。

一般孕妇都缺乏铁的营养素，孕中期缺铁性贫血患病率达30%左右。因此，必须重视铁的摄入量。

孕中期的妇女常在20周左右开始出现小腿抽搐、容易出汗、惊醒等现象，这常与她们的膳食中缺钙有关。孕妇从妊娠

孕产妇食谱

5个月开始,其体内每日约储存钙200毫克。故应增加钙的摄入量,最好每天达到1000毫克左右。

在此期间,孕妇对维生素 B_1、维生素 B_2、维生素 C 等的摄入量,也应随热量的增加而增加。每日的增加量为维生素 B_1、维生素 B_2 各 0.7 毫克,维生素 C 20 毫克。

脂肪是人脑结构的重要原料,孕中期妇女膳食中还必须供给适量的脂肪,包括饱和与不饱和脂肪酸,以满足胎儿大脑发育的需要。脂肪供给量以占总热量的 20%~25% 为宜。

孕妇在孕中期,每日可分 4~5 餐进食,每次食量要适度,不要吃得过多,否则会导致营养过剩、孕妇体重增加过多、出生婴儿过大等。

海米醋熘白菜

此菜酸甜鲜香,味美适口。含有丰富的维生素C、钙、磷、铁、锌、蛋白质、脂肪等多种营养素。

【主料】 白菜心500克,水发海米25克。

【辅料】 花生油50克,花椒油5克,酱油10克,白糖30克,醋15克,精盐2克,味精1克,水淀粉15克,料酒少许。

【制法】 ①将白菜心切成约2.4厘米长、1.5厘米宽的片,放入沸水锅内焯一下,捞出沥干水分。 ②炒锅上火,放花生油烧热,下海米和酱油、精盐、醋、料酒、白糖,加入白菜片翻炒,加水少许,待汤沸时,用水淀粉勾芡,放味精,淋花椒油,盛入盘内即成。

蛋皮炒菠菜

此菜黄绿相映,咸鲜适口。含有丰富的优质蛋白质、矿物质、维生素等多种营养素,孕妇常食可预防贫血病的发生。

【主料】 菠菜300克,鸡蛋2个。

【辅料】 花生油40克,精盐4克,味精1克,葱末3克,姜末2克。

【制法】 ①将菠菜择洗干净,切成6厘米长的段。 ②将鸡蛋磕入碗内,加精盐少许,用筷子搅匀。炒锅置小火上烧热,抹上少许花生油,倒入一半蛋液,摊成一张蛋皮。用同样方法再将另一张蛋皮摊好。然后将两张蛋皮合在一起,切成约6厘米长、0.5厘米宽的丝备用。 ③炒锅置旺火上,放入花生油烧热,下葱末、姜末炝锅,放菠菜,加余下的精盐和味精,翻炒至熟,再放入蛋皮丝,用手勺拌匀,盛入盘内即成。

拌合菜

此菜由菠菜、胡萝卜、猪瘦肉等多种原料拌制而成。色泽艳丽,营养丰富,诱人食欲。含有人体必需的蛋白质、脂肪、粗纤维、矿物质、维生素等多种营养物质。

【主料】 菠菜150克,胡萝卜100克,白菜心50克,豆腐皮25克,蒜苗15克,香菜1棵,猪瘦肉100克。

【辅料】 香油15克,精盐3克,味精1克,醋10克,花生油、水淀粉各适量。

【制法】 ①将菠菜择洗干净,用沸水汆一下,捞入凉开水内投凉,捞出沥水,切成约3厘米长的段,放在大盘内。②将胡萝卜洗净,切成细丝,放入沸水锅内汆一下,捞入凉开水内投凉,捞出沥水,放在菠菜上。白菜心切成细丝,放在胡萝卜上。 ③蒜苗、香菜择洗干净,均切成3厘米长的段,撒在白菜丝上。豆腐皮切成细丝,也放在盘内。 ④将猪肉洗净,切成细丝,加水淀粉上浆。炒锅上火,放入花生油,烧至五成热,下肉丝滑散,至色白熟透时捞出,放入温水中冲去油分,沥净水,放在菜的最上面,加入精盐、味精、醋、香油,拌匀即成。

碧玉金钩

此菜色泽素雅,清淡爽口。含有丰富的钙、磷、铁、锌、胡萝卜素、维生素C、维生素E等多种营养素。油菜与海米同烧，既可增加菜的味道，又能增加其营养成分。

【主料】 油菜 250 克，海米 15 克，姜丝少许。

【辅料】 花生油 25 克，白糖 15 克，味精少许，精盐、鲜汤各适量。

【制法】 ①将油菜择洗干净，切成菱形片。海米用温水泡好。 ②炒锅上火，放入花生油烧热，下姜丝略炸，再放入油菜翻炒，至快熟时下海米，加精盐、白糖、鲜汤，稍炒后放味精，盛入盘内即成。

干贝烧盖菜

此菜色泽美观，味道鲜美。含有丰富的优质蛋白质、脂肪、钙、磷、铁、维生素 C、胡萝卜素等多种营养素。干贝有平肝、化痰、补肾、清热等功效，可作为孕产妇的一种滋补菜品。

【主料】 盖菜心 500 克，干贝 35 克，鲜汤 100 克。

【辅料】 熟猪油、熟鸡油各 30 克，精盐 3 克，味精 2 克，料酒 15 克，水淀粉 10 克。

【制法】 ①将干贝上的筋撕去，洗净，加少量的水上笼蒸烂，捞出干贝 (蒸贝的汤澄清去沙留用)，搓散成丝状，再用水漂洗去沙，仍用原蒸的汤水泡上。 ②将盖菜心削去帮面的一层薄膜，剖开修成长 8 厘米的大块，用开水烫至半熟，捞出用凉水浸凉，取出再修削整齐。 ③炒锅上火，放入熟猪油烧热，下盖菜稍煸，加鲜汤、精盐、料酒和干贝（连原汤）烧透。 ④先把盖菜捞出，整齐地摆在盘内。同时把锅内汤汁调一下口味，放味精，用水淀粉勾芡，淋熟鸡油，把干贝连汤汁一起浇在盖菜上即成。

孕产妇食谱

清蒸菜卷

此菜形色美观,汤鲜菜烂。含有丰富的维生素C、硫胺素、核黄素、尼克酸、钙、磷、铁、锌、蛋白质、脂肪等多种营养素。

【主料】 卷心菜叶250克,猪肥瘦肉100克,鸡蛋清2个,水发木耳、青红椒各少许。

【辅料】 熟猪油25克,熟鸡油少许,精盐4克,味精2克,料酒10克,鲜汤350克,葱末、姜末共15克,水淀粉40克。

【制法】 ①将猪肉洗净,剁成泥放入碗内,加葱末、姜末、1个蛋清、水淀粉15克和少许精盐、味精、料酒、清水及熟猪油,拌匀成馅。再将1个蛋清放另一碗内,与水淀粉25克搅拌成糊。 ②将水发木耳、青红椒均切成丝,放入沸水锅内焯一下。卷心菜叶放入沸水锅内略焯,用凉水浸凉,捞出沥干水分,把菜叶上的粗筋用刀片一下。 ③把卷心菜叶摊开切成5厘米宽的长条,用净湿布一块铺在案板上,上面并排铺4条卷心菜叶,在菜叶上抹匀蛋糊后再铺一层卷心菜叶,再在菜叶上抹一层蛋糊,然后将一份肉馅抹在靠边的一条菜叶上,用手掂住湿布由外往里卷成卷。把全部菜叶和肉馅都卷好后,将菜卷平放在盘内上笼蒸3分钟取出,用刀切成3.3厘米长的段,放碗内码整齐,上笼蒸烂取出合在海碗内,上放木耳、青红椒丝。 ④炒锅上火,加入鲜汤和余下的味精、料酒、精盐,烧开后撇去浮沫,加入熟鸡油少许,浇在菜卷上即成。

柿椒炒嫩玉米

此菜中的嫩玉米香甜可口,佐以辣椒,色泽美观,诱人食欲。夏秋两季,均可食用。含维生素C和粗纤维极为丰富,适宜孕妇妊娠期便秘时食用,效果极佳。

【主料】 嫩玉米粒300克,青红椒50克。

【辅料】 花生油10克,精盐2克,白糖3克,味精1克。

【制法】 ①将玉米粒洗净。青红椒切成小丁。 ②炒锅上火,放入花生油,烧至七八成热,下玉米粒和精盐,炒2~3分钟,加清水少许,再炒2~3分钟,放入青红椒丁翻炒片刻,再加白糖、味精翻炒均匀,盛入盘内即成。

樱桃萝卜

此菜色泽红润,外酥里嫩,鲜香适口。含有丰富的胡萝卜素。胡萝卜素是促进胎儿生长发育、增强母体抵抗力不可缺少的一种营养素。

【主料】 胡萝卜300克,鸡蛋1个。

【辅料】 香油5克,白糖、面粉、水淀粉各50克,酱油10克,番茄酱25克,精盐2克,味精1克,醋15克,花生油1000克(约耗100克)。

【制法】 ①将胡萝卜洗净,切成1.3厘米见方的丁,放入沸水锅内焯透,捞出用凉水泡凉,沥去水分放入碗内,磕入鸡蛋,加入水淀粉少许、面粉拌匀。 ②将酱油、白糖、醋、番茄酱、精盐、味精和余下的水淀粉及50克清水放入碗内,对成芡汁。 ③炒锅上火,放入花生油,烧至七成热,下浆好的胡萝卜丁，炸至表面酥脆并呈金黄色时捞出沥油。 ④炒锅留底油少许，倒入对好的汁炒浓，下胡萝卜丁，翻炒均匀，淋入香油，盛入盘内即成。

鲜蘑莴笋尖

此菜形状美观，色泽鲜艳，口味清香。含有多种维生素及钙、磷、铁等矿物质。莴笋中还含有多种化学物质，有利于人体对食物的消化吸收。

【主料】 莴笋尖20条（叶和茎各半），罐头鲜蘑300克，鲜汤250克。

【辅料】 花生油、熟鸡油各50克，精盐、料酒各5克，味精2克，水淀粉15克。

【制法】 ①将莴笋尖掰去老叶，留下嫩叶，把茎的一端削去皮和筋，削成粗细一致的圆柱形，洗净，放入沸水锅内烫至半熟，捞出用凉水冲透，再把两头切改整齐，使其长短一致（不能切断，要整条）。鲜蘑开罐后沥去水。 ②炒锅上火烧热，放花生油，下鲜蘑和笋尖稍煸，舀入鲜汤，加精盐、料酒，调好味，烧透后放味精，用水淀粉勾芡，淋熟鸡油，盛入盘内即成。

口蘑烧茄子

此菜香味浓厚，软烂可口。含有丰富的蛋白质、脂肪、碳水化合物、钙、磷、铁和多种维生素。中医认为，茄子味甘、性寒，有散血瘀、消肿止疼、止血等功效。近期研究发现，茄子所含维生素P，具有降低毛细血管脆性、防止出血、降低血中胆固醇浓度和降血压的作用。

【主料】　茄子 500 克，口蘑 5 克，毛豆 50 克。

【辅料】　香油 10 克，酱油 20 克，白糖 10 克，精盐 2 克，味精 1 克，醋 2 克，料酒 8 克，葱片 6 克，蒜片 15 克，水淀粉 10 克，花生油 500 克 (约耗 60 克)。

【制法】　①将茄子去皮洗净，切成 0.7 厘米厚的大片，在一面剞十字花刀，再斜刀改成菱形块，用热油炸至呈金黄色捞出。口蘑用温水泡好，洗净泥沙 (留浸泡的原汁)，片成薄片。毛豆剥皮，放入锅内煮熟。　②用泡口蘑的原汁、口蘑、酱油、醋、白糖、精盐、味精、料酒、水淀粉和毛豆对成芡汁。　③炒锅上火，放入花生油 10 克烧热，下葱片、蒜片炝锅出味，倒入对好的芡汁，下茄子翻炒均匀，淋香油，盛入盘内即成。

豆腐干拌豆角

此菜色泽美观，脆嫩清香。含有丰富的蛋白质、钙、磷、铁、锌、胡萝卜素和维生素 C、维生素 E 等多种营养素。

【主料】　豆腐干 200 克，豆角 250 克，胡萝卜 50 克。

【辅料】　花椒油 15 克，精盐 6 克，味精 2 克，姜少许。

【制法】　①将豆角去掉筋丝，切抹刀片，放入沸水锅内焯熟，捞出放冷水中投凉，沥干水分。　②将豆腐干切成小片，放入沸水锅内焯一下，捞出沥干水分。　③将胡萝卜洗净，切成小片。姜切末。　④将豆角片堆放在盘子中间，豆腐干片放在豆角的四周，胡萝卜片放在豆角上面。　⑤将花椒油、精盐、味精、姜末放在小碗内调匀，浇在豆角和胡萝卜片上，吃时拌匀即成。

孕产妇食谱

豇豆炒五香茶干

此菜翠绿橙黄，素净味纯。含有丰富的维生素C、维生素B_1、尼克酸等多种营养素。豇豆具有健脾和胃、补肾止带的功效。能帮助消化，增加食欲。

【主料】 豇豆250克，五香茶干100克。

【辅料】 花生油20克，酱油10克，精盐2克，白糖10克，料酒6克。

【制法】 ①将豇豆择洗干净，切成段。茶干切成与豇豆长短粗细相同的条，放入沸水锅内焯至断生，捞出沥干水分。②将炒锅置火上，放入花生油，烧至六成热，下入豇豆煸出香味，加入酱油、精盐、料酒、白糖及清水少许，烧熟，放入茶干条拌和均匀，盛入盘内即成。

虾皮萝卜丝汤

此汤清淡味鲜。富含钙、维生素C。萝卜有促进胃肠蠕动、助消化作用，还含有促进脂肪代谢的物质，可避免脂肪在皮下堆积而有减肥作用。

【主料】 萝卜100克，虾米皮20克。

【辅料】 香油10克，花生油15克，葱花、青蒜、精盐、味精各适量。

【制法】 ①将萝卜择洗干净，擦成细丝。青蒜切末。虾米皮洗净，挤干水分。 ②将炒锅置火上，放入花生油，烧至八成热，下入葱花爆香，倒入萝卜丝翻炒几下，下入虾米皮炒匀，加入清水500克煮沸，稍煮，加入精盐、味精、香油，盛入碗内，撒上青蒜末即成。

雪菜蚕豆汤

此汤清香咸鲜，软嫩爽口。含有丰富的钙。蚕豆与雪里蕻共同烹制，使钙易于被人体吸收。

【主料】　雪里蕻 100 克，鲜蚕豆 20 克，鸡胗 2 个，海米 20 克，水发香菇 6 朵，猪瘦肉 50 克。

【辅料】　熟猪油 15 克，精盐 5 克，味精 2 克，料酒 8 克，胡椒粉 2 克，水淀粉 5 克，鲜汤 500 克。

【制法】　①将雪里蕻洗净切丝。猪瘦肉切丝，放入碗内，加入少许精盐和水淀粉拌匀上浆。蚕豆去壳。鸡胗处理后，剞成一字花刀，切成块，放入沸水锅内焯至翻花，捞出。海米用沸水泡发后，冲洗干净。香菇切丝。　②将炒锅置火上，放入熟猪油烧热，下入雪里蕻煸炒一会，加入鲜汤，稍煮出味，把肉丝抖散入锅，烹入料酒，撇去浮沫，下入海米、鸡胗花、蚕豆瓣、香菇，待锅再开，稍煮片刻，加入余下的精盐和味精、胡椒粉调好味，盛入汤碗内即成。

青椒炒鸡蛋

此菜红黄绿相间，色彩鲜艳，诱人食欲。富含蛋白质、维生素 C、胡萝卜素等多种营养素。

【主料】　鸡蛋 2 个，西红柿 100 克，青椒 100 克。

【辅料】　花生油 15 克，香油 10 克，精盐 4 克，味精 2 克，葱花 10 克，姜末 10 克，水淀粉 5 克。

【制法】　①将西红柿洗净，切成月牙块。青椒去蒂及子

孕产妇食谱

洗净,切成菱形块。鸡蛋磕入碗内,加入精盐少许,搅打均匀。②将炒锅置火上,放入少许花生油烧热,倒入鸡蛋炒熟,盛出备用。原锅置火上,放入余下的花生油烧热,下入葱花、姜末爆香,倒入西红柿块翻炒,下入青椒块和炒熟的鸡蛋,一边翻炒一边加入余下的精盐和味精同炒几下,用水淀粉勾芡,淋入香油,盛入盘内即成。

姜米拌莲菜

此菜脆嫩爽口。含有丰富的碳水化合物、钙、磷、铁、维生素C等多种营养素。中医认为,生藕味甘、性寒,有凉血散瘀、止渴除烦等功效。熟藕性温,能安神、养胃、滋阴。此菜适宜孕产妇食用。

【主料】 莲藕中段400克。

【辅料】 醋40克,精盐4克,香油10克,姜米1克。

【制法】 ①将莲藕洗净,用刀去结,刮净外皮,切成铜钱厚的圆片,用凉水淘一下,放入开水锅内略焯,见其发白光色时捞出。 ②将莲藕放入盘内,加入精盐、姜米、醋、香油,拌匀即成。

排骨冬瓜汤

此菜鲜香味美,清淡利口。含有丰富的蛋白质、脂肪、钙、维生素C,还含有人体必需的锌、钾、硒等微量元素。中医认为,冬瓜味甘、淡,性凉,有清热、利水、化痰、降脾胃火等功效,并能抑制因脾胃火盛引起的贪食,因而有减肥作用。

【主料】 猪排骨250克,冬瓜500克。

【辅料】　精盐、味精、胡椒粉、葱花各适量。

【制法】　①将猪排骨洗净,剁成 5.5 厘米长、3.3 厘米宽的小块,随温水下锅煮去血水,捞出备用。②将冬瓜去皮、去瓤,洗净,切成与排骨大小相同的块。③锅置火上,放入排骨,加清水烧开后,转小火炖烂。在排骨炖至八成烂时,下冬瓜块炖熟,加入味精、精盐、胡椒粉,撒入葱花,盛入汤碗内即成。

炸豆腐炖萝卜海带

此菜味美适口,营养充足。富含大豆蛋白质、脂肪、碳水化合物、维生素 C。海带中钙、铁、碘的含量尤为丰富,是防治贫血和钙、碘缺乏的良好食疗菜品。

【主料】　豆腐 2 块,萝卜 250 克,水发海带 100 克。

【辅料】　黄酱、酱油各 10 克,精盐 3 克,味精 2 克,料酒、白糖各 5 克,葱花、鲜汤各适量,花生油 500 克(约耗 40 克)。

【制法】　①将萝卜去皮,切成 4.5 厘米长、1.5 厘米宽的块。海带泡开洗净,切成菱形块。把萝卜块和海带块分别放入沸水锅内焯透,再用凉水投凉。②将豆腐切成菱形块,放入七成热的油锅内,炸至呈金黄色,捞出沥油。③炒锅上火,放入海带块、萝卜块、豆腐块,加水、酱油、精盐和少许白糖、料酒,用慢火炖 30 分钟。④将另一只炒锅置旺火上,放入底油,下葱花、黄酱和余下的白糖、料酒煸炒,再加鲜汤,开锅后将汤汁倒入烧萝卜、海带、豆腐的锅内,待入味后,放味精,盛入汤盘内即成。

甜脆银耳盅

此菜色泽美观,清凉爽口,诱人食欲。银耳有较高的营养价值和药用价值,是一种高级补品,含有丰富的蛋白质、碳水化合物、钙、磷、铁和多种维生素。中医认为,银耳味甘、淡,性平,具有滋阴润肺、益气和血等功效。

【主料】 水发银耳250克,罐头红樱桃5颗。

【辅料】 白糖100克,琼脂5克,香油少许。

【制法】 ①将银耳择洗干净,掰成小朵。红樱桃切成片。 ②炒锅置火上,放入清水500克,下入琼脂,用小火熬化,下银耳,加白糖,烧沸后熬片刻。 ③将若干小碗洗净,抹上香油,分别放入少许樱桃片,倒入熬好的银耳。冷透后放入冰箱,凝成冻时即可食用。

草莓鲜橙汁

此果汁色泽美观,诱人食欲,酸甜可口。含有丰富的胡萝卜素、维生素C。草莓橙汁可清热解毒,健脾开胃,润肺生津,经常饮用可去烦热,又能安神。

【主料】 草莓250克,橙子100克。

【辅料】 开水350克。

【制法】 ①将草莓择洗干净。橙子洗净,去皮及核,切片备用。 ②将草莓、橙子片一同放入榨汁机内,榨取原汁,加入开水调匀稀释即成。

拌腐竹

此菜色泽美观,鲜香适口。含有极丰富的蛋白质、脂肪酸、碳水化合物、钙、磷、铁等矿物质和粗纤维以及维生素 B_1、维生素 B_2、维生素 C 及尼克酸等营养素。

【主料】 腐竹 100 克,香菇 10 克,芹菜 250 克。

【辅料】 香油 15 克,精盐、味精各适量。

【制法】 ①将腐竹用温水泡 2 小时,至泡透柔软时捞出,用刀从中间顺劈为二,切成 3 厘米长的段,放入沸水锅内焯透,捞出沥水,盛入盘内。 ②将芹菜择洗干净,取中段切成 2.5 厘米长的段(粗的从中间劈开),放入沸水锅内稍焯一下,捞入凉开水内投凉,沥净水放入盘内。 ③香菇洗净,用温水泡开,切成 2.5 厘米长的条,用沸水稍焯一下,捞入盛腐竹、芹菜的盘内,加入精盐、味精、香油,拌匀即成。

锦绣里脊丝

此菜色泽美观,肉质鲜嫩,口味丰富。含有优质动物蛋白质,是钙、磷、铁、锌等矿物质和 B 族维生素、尼克酸及维生素 C 的良好来源。

【主料】 羊里脊肉 250 克,水发香菇、水发金针菜、胡萝卜各 30 克,蒜苗 50 克,干粉丝 15 克。

【辅料】 花生油 50 克,香油、精盐、白糖各 5 克,料酒 7 克,酱油、水淀粉各 10 克,生姜 3 片。

【制法】 ①将里脊肉切成细丝,加料酒和少许精盐腌渍片刻,拌入 5 克水淀粉拌匀上浆。水发香菇、胡萝卜分别切成细丝。水发金针菜、蒜苗均切成3厘米长的段。姜切丝。 ②炒锅上火,放入花生油,烧至五成热,下入剪成3厘米长的干粉丝,炸至胀发、松脆捞起,垫于盘底。 ③原锅留油置火上烧热,下姜丝炸香,投入羊肉丝滑熟捞起,下蒜苗段、香菇丝、金针菜、胡萝卜丝,翻炒至熟,放酱油、余下的精盐、白糖调味,加少许水烧沸,下羊肉丝炒和,用余下的水淀粉勾芡,淋香油,盛在盘中炸粉丝上即成。

沙锅狮子头

此菜狮子头松软咸香,油菜碧绿爽口。富含动物性脂肪、蛋白质、钙、磷、铁、硫胺素及维生素C。适于孕妇在营养不良、贫血等情况下食用。

【主料】 猪肥瘦肉200克,油菜200克。

【辅料】 酱油15克,精盐5克,味精2克,料酒5克,水淀粉30克,葱10克,姜10克,花生油300克(约耗10克)。

【制法】 ①将猪肉剁碎。葱、姜均切成细末。把猪肉末放入碗内,加入适量葱末、姜末、酱油、料酒及精盐、水淀粉搅成肉馅,揉团成4个大肉丸。油菜洗净,切成段(小棵油菜不用切)。 ②将炒锅置火上,放入花生油,烧至七成热,下入肉丸炸成金黄色,倒入漏勺沥油,再把油菜倒入锅内炒至断生,放入沙锅内,再放入炸好的肉丸,加入余下的葱、姜、酱油、料酒及味精、清水,用文火炖20分钟即成。

桂花肉

此菜色泽金黄,甜酸适口。含有丰富的优质蛋白质、脂肪、碳水化合物和钙、磷、铁、锌、维生素 A、维生素 B_1、维生素 B_2、维生素 D 等营养素。

【主料】 猪五花肉 150 克,鸡蛋 2 个。

【辅料】 白糖 15 克,醋 10 克,酱油 3 克,精盐、椒盐、香油各 1 克,料酒 6 克,糯米粉 5 克,干淀粉 2.5 克,味精、葱末、姜末各 2 克,花生油 500 克(约耗 40 克),面粉少许,鲜汤适量。

【制法】 ①将猪五花肉切成 0.7 厘米厚的片。鸡蛋磕入碗内,加入精盐、味精、料酒少许、面粉、糯米粉调匀成糊,放入肉片,均匀挂糊。 ②将白糖、醋、酱油、干淀粉放入小碗内,加鲜汤调匀成糖醋汁。 ③炒锅上火,放入花生油,烧至六成热,下肉片炸至呈淡黄色、浮在油面时,捞出沥油。 ④原锅留底油置火上,下葱末、姜末略炸,放入炸过的肉片,烹入余下的料酒,加椒盐、香油,炒匀即成桂花肉,盛入盘内。再将锅上火,放油少许,把调好的糖醋汁倒入,炒成卤汁,盛入小碗内,供蘸食。

青蒜炒猪肝

此菜猪肝滑嫩,口味咸鲜。含有较丰富的蛋白质、多种维生素和矿物质,是孕产妇的好菜肴。

【主料】 猪肝 200 克,青蒜 100 克。

【辅料】 香油、醋各 10 克,酱油、水淀粉各 30 克,精盐2克，白糖20克，料酒15克，味精2克，花生油500克（约耗75克）。

【制法】①将猪肝去筋膜，切成柳叶片，放入盘内，用水淀粉20克浆一下。青蒜择洗干净，拍松反刀切成段。②炒锅置旺火上，放入花生油，烧至六成热，放入猪肝，用筷子划散，待变成灰白色时，捞出沥油。③原锅留底油上火，下青蒜段煸炒，加料酒、酱油、精盐、白糖、味精，倒入猪肝，用余下的水淀粉勾芡，淋醋和香油，翻炒均匀，盛入盘内即成。

芙蓉鸡丝

此菜白中镶红，鸡肉滑嫩，蛋丝松软，味道鲜香。含有丰富的优质蛋白质、钙、磷、铁、锌、胡萝卜素、维生素C等多种营养素。孕产妇常食，有利于胎儿发育和母体健康。

【主料】鸡脯肉200克，白菜心75克，红胡萝卜50克，火腿35克，鸡蛋清3个。

【辅料】熟猪油60克，精盐6克，味精2克，胡椒粉1克，水淀粉15克，鲜汤35克，猪肉皮1小块，花生油500克（约耗40克）。

【制法】①将鸡脯肉切成丝。火腿、白菜心、红胡萝卜分别切成4厘米长的细丝。②将鸡肉丝放碗内，加入少许精盐、水淀粉和半个鸡蛋清拌匀上浆。将2.5个鸡蛋清放另一个碗内，打至起泡备用。③炒锅上火烧热，用猪肉皮抹锅，倒入鸡蛋清，转动炒锅摊成2张蛋皮，晾凉后切成4厘米长的细丝。④炒锅置旺火上，放入花生油，烧至三成热，下鸡丝，用筷子拨动，滑至呈乳白色，捞出沥油。待油烧至七成热，下蛋清丝稍炸，倒入漏勺沥油。 ⑤原炒锅留油20克烧热，放入火腿丝、白菜丝、红胡萝卜丝炒熟，再放入鸡丝、蛋清丝，加入余下的精盐拌炒。取小碗一个，将鲜汤、味精、胡椒粉和余下的水淀粉对在一起调匀，徐徐淋入锅内，待汁开，淋上熟猪油，翻炒几下，盛入盘内即成。

清汤鸡

此菜鸡肉软烂，汤鲜味浓，爽口不腻。含有丰富的蛋白质、钙、磷、铁、锌和维生素C、维生素E等多种营养素。有益气养血、滋养五脏、生精添髓等功效，孕妇常食此菜，可有效防治营养缺乏。

【主料】 熟白鸡肉、净冬瓜各250克，鲜汤500克。

【辅料】 酱油、料酒、葱各10克，味精、姜各5克，精盐适量。

【制法】 ①将熟白鸡肉去皮，切成菱形块，皮面朝下，整齐地码入盆内，加入鲜汤、酱油、精盐、味精、料酒、葱段、姜片，上笼蒸透，取出拣去葱、姜，把汤汁滗入碗内待用。 ②冬瓜洗净切块，放入沸水锅内焯一下，捞出码入盆内的鸡块上，将盆内的冬瓜块、鸡肉块一起扣入汤盆内。 ③炒锅上火，倒入碗内的汤汁，烧开撇去浮沫，盛入汤盆内即成。

油麻壮凉鸡

此菜色白肉酥，味道鲜美，有淡淡的果香。在禽畜类食物中，鸡肉的蛋白质含量占首位，但脂肪的含量却低。母鸡肉属阴性，有益于孕妇、产妇、久病体虚者，也有补阳、补血、益气效用，还能主治孕妇胎动不安等症。

【主料】　光嫩鸡半只（重约500克），黄香蕉苹果半个。

【辅料】　香油10克，精盐25克，料酒15克，味精3克，葱段15克，葱末10克，花椒15粒，大料1瓣。

【制法】　①将花椒放入锅内，加入精盐15克炒出香味，在鸡的周身擦抹，静置30分钟后把鸡冲洗干净。②将鸡放入锅内，加入清水煮开，撇去浮沫，放入葱段、大料、苹果及余下的精盐和料酒，用文火煮至鸡肉酥烂，加入味精，略煮片刻，捞出凉透，加入一些原汤汁，入冰箱冻1小时，斩成条块，码入盘内，淋上香油，撒上葱末即成。

鱼香炒蛋

此菜鱼香味浓郁，富含蛋白质、铁。鸡蛋中的铁易于吸收。鸡蛋所含的蛋白质与人体蛋白质组成相近，故吸收率高。所以鸡蛋是孕产妇的理想食物。

【主料】　鸡蛋2个，猪瘦肉50克，水发木耳10克。

【辅料】　豆瓣辣酱10克，酱油5克，精盐2克，味精2克，白糖15克，醋10克，料酒5克，水淀粉20克，葱丝、姜丝各少许，花生油200克（约耗30克）。

【制法】　①将鸡蛋磕入碗内，加入精盐少许搅匀，用少许花生油炒熟，盛出备用。②将猪瘦肉洗净，切成丝，放入碗内，用余下的精盐和少许水淀粉拌匀上浆，放入五成热的油锅内滑散，捞出沥油。③将酱油、白糖、醋、料酒、味精、余下的水淀粉及清水40克对成芡汁。木耳切丝备用。④将净炒锅置火上，放入花生油15克，烧至六成热，下入葱丝、姜丝炸出香味，放入豆瓣辣酱炒出红油，再放入木耳丝、肉丝、鸡蛋翻炒，倒入调好的芡汁，翻炒均匀，盛入盘内即成。

鸳鸯鹌鹑蛋

此菜形象逼真，鲜嫩适口。就营养价值来说鹌鹑蛋胜过鸡蛋，含有维生素 A、维生素 B、维生素 C、维生素 D、维生素 E、维生素 K 等多种营养素，尤其富含卵磷脂，是高级神经活动不可缺少的营养物质，而且鹌鹑蛋的血清胆固醇含量较低。适宜婴儿、孕产妇和年老、体弱者食用。

【主料】 鹌鹑蛋7个，水发黄花菜、水发木耳、豆腐各15克，火腿末、油菜末、豌豆各少许。

【辅料】 香油、精盐各3克，味精2克，料酒15克，水淀粉、鲜汤各适量。

【制法】 ①将1个鹌鹑蛋磕开，把蛋清、蛋黄分放碗内，其余6个煮熟去壳。 ②将黄花菜、木耳、豆腐均剁碎，和在一起加少许精盐、味精、料酒和香油、蛋清调匀成馅。③将每个鹌鹑蛋竖着切开，挖掉蛋黄，把馅填入刮平，再用生蛋黄抹一下，用2粒豌豆点成眼睛，将火腿末和油菜末撒在两边，按此法逐个制成鸳鸯蛋生坯，上笼蒸10分钟取出装盘。④炒锅上火，放入鲜汤，加入余下的精盐、味精、料酒，汤沸时用水淀粉勾流水芡，浇在蛋上即成。

炒鲜奶

此菜色泽晶莹洁白，外脆里软，香甜可口。含有丰富的蛋白质、脂肪、碳水化合物、维生素 A 和钙、磷、铁等多种营养素，是孕妇补充蛋白质、钙质的良好来源。

【主料】 鲜牛奶250克，鸡蛋清4个，笋尖25克，去皮马蹄15克。

【辅料】 花生油100克，白糖15克，精盐3克，味精1克，葱白末20克，干淀粉50克。

【制法】 ①将笋尖、马蹄洗净，均切成米粒状。蛋清打起泡后，加干淀粉、牛奶，打成牛奶糊，放白糖、精盐、味精继续打匀。 ②炒锅置旺火上，放入花生油烧热，下笋粒、马蹄粒、葱白末煸炒出味，倒入调好的牛奶糊，用手勺推动，待起泡后即可起锅装盘。

海带炖酥鱼

此菜酥软，咸香。富含优质蛋白质、钙、铁、锌、碘等多种营养素。海带含有大量粗纤维和较多糖类，还含有多种有机物和钙、磷、铁、钴、氟等10多种矿物质，含碘量高出一般食品。

【主料】 小鲫鱼300克，海带150克。

【辅料】 香油30克，酱油25克，精盐3克，味精3克，料酒20克，白糖30克，醋30克，葱、姜各适量。

【制法】 ①将鲫鱼去鳞、去鳃，剖腹去内脏洗净。海带用温水浸泡2小时洗净，切成宽条，上笼蒸20分钟备用。②将鲫鱼摆在小锅内，上摆一层海带，再摆一层鲫鱼，上面再摆一层海带，浇上料酒、酱油、精盐、味精、白糖、醋、香油、葱、姜，加入清水（以漫过鲫鱼、海带为度），用旺火烧开，转用小火焖至汤稠即成。

奶汤鲫鱼

此鱼汤味鲜美，鱼肉香醇。含有丰富的蛋白质、脂肪、碳水化合物和钙、磷、铁、锌、尼克酸、维生素 C 等多种营养素，尤其含钙、磷较多，对胎儿骨质发育有较好的作用，并能预防婴儿佝偻病、软骨病等症。

【主料】 鲫鱼 2 条 (重约 500 克)，熟火腿片 3 片，豆苗 15 克，笋片 15 克，鲜汤 500 克。

【辅料】 熟猪油 50 克，精盐 3 克，味精 2 克，料酒 15 克，葱 2 段，姜 2 片。

【制法】 ①将鲫鱼去鳞、去鳃、去内脏，洗净，用刀在鱼背两侧每隔 1 厘米各剞人字形刀纹。 ②炒锅置旺火上，放入熟猪油 25 克，烧至七成热，下葱、姜炸出香味，放入鱼两面略煎，烹入料酒稍焖，加鲜汤及清水 150 克、熟猪油 25 克，盖盖煮 3 分钟左右，见汤汁白浓，转中火煮 3 分钟，焖至鱼眼凸出，放入笋片、火腿片，加精盐、味精，转旺火煮至汤浓呈乳白色，下豆苗略煮，去掉葱、姜，出锅装盆，笋片、火腿片齐放鱼上，豆苗放两边即成。

番茄鱼条

此菜色泽红润明亮，鱼条外酥里嫩，味道酸甜适口。富含优质蛋白质。鲤鱼具有通乳安胎的作用。特别是对孕妇的浮肿、胎动不安有较好效果。

【主料】 净鲤鱼肉 150 克，胡萝卜 40 克，葱头 20 克，鸡蛋清 1 个。

【辅料】 香油10克，番茄酱50克，白糖20克，辣酱油10克，精盐6克，料酒10克，干淀粉30克，花生油500克（约耗50克）。

【制法】 ①将鱼肉洗净，切成条，放入碗内，用精盐少许、料酒、鸡蛋清、干淀粉挂匀糊。葱头去皮，与胡萝卜均切成丝，备用。 ②将炒锅置火上，放入花生油，烧至六成热，把挂匀糊的鱼条分散下入油内，炸透捞出。再把油烧至八成热，下入鱼条，炸至外表酥脆、色泽金黄，捞出沥油。 ③将原锅留油少许，置火上，下入葱头丝、胡萝卜丝煸炒出香味，加入番茄酱，用文火煸炒至油变成红色，再加入余下的精盐和白糖、辣酱油炒匀，倒入炸好的鱼条，淋入香油，翻炒均匀，盛入盘内即成。

醋 椒 鱼

此菜鲜美适口，去油解腻，帮助消化，诱人食欲。含有丰富的优质蛋白质及钙、磷、铁等矿物质和多种维生素，是孕妇妊娠中、晚期极佳的营养汤菜。

【主料】 活鲤鱼、鲜汤各1000克，香菜10克。

【辅料】 熟猪油75克，精盐4克，味精2克，胡椒粉1克，醋10克，料酒25克，葱丝、姜丝各15克。

【制法】 ①将鲤鱼去鳞、去鳃，剖腹去内脏，洗净，在鱼身上剞十字花刀，用开水略烫。 ②炒锅上火，放熟猪油烧热，下部分葱丝和姜丝、胡椒粉，煸出香味后烹料酒，加鲜汤、精盐、味精，用旺火将汤煮沸几次，把鱼放入汤内再煮15分钟，捞入汤盆内。原汤过罗，加醋，倒入汤盆内，撒上余下的葱丝和香菜段即成。

炒连壳螃蟹

此菜色泽金黄,味道鲜美。含有丰富的锌、维生素 A 以及蛋白质、脂肪、钙、磷、铁等多种营养素,是妊娠期补充锌的良好来源。

【主料】 活螃蟹 5 只(重约 300 克)。

【辅料】 花生油 100 克,香油 10 克,酱油、醋各 25 克,精盐 2 克,味精 1 克,料酒 20 克,干淀粉 5 克,姜 10 克,花椒数粒。

【制法】 ①将螃蟹洗净,把蟹腿掰下,去爪尖,留中间,去掉钳子上的茸毛,用刀剖开。蟹带壳先直刀切开,然后顺着切成 4 块,壳面向下码入盘内。 ②将姜切细末,花椒拍碎,同放碗内,加酱油、精盐、味精、料酒、醋、干淀粉及水少许调成芡汁。 ③炒锅上火,放入花生油烧热,下切好的蟹块、蟹腿,煎至两面均呈金黄色、熟透,倒入调好的芡汁稍烹,要勤翻动,以使鲜味均匀,最后淋上香油即成。

炸凤尾虾

此菜色泽金黄,酥香鲜嫩。富含蛋白质、钙、铁、维生素 A 等多种营养素。中医认为虾补肾阳,含钙质较多,适于孕妇食用。

【主料】 鲜大虾 250 克,鸡蛋 2 个,面粉 15 克。

【辅料】 精盐 2 克,料酒 6 克,干淀粉适量,辣酱油 10 克,花椒盐 3 克,花生油 500 克(约耗 75 克)。

【制法】 ①将鸡蛋磕入碗内,搅打至发起,加入面粉调成蛋粉糊。 ②将大虾去腿及须，摘除沙袋和沙线洗净，在虾背上划上十字花刀，以便使它被炸后能保持平直不弯。再用精盐及料酒拌匀，腌渍 1 小时，使之入味。 ③将炒锅置火上，放入花生油，烧至六成热，把大虾沾上干淀粉，再蘸蛋粉糊，下入油内炸（但虾尾不要蘸糊，以保持美观），待虾炸至金黄色，捞出沥油。 ④将炸好的虾切成 3~4 段，仍照原样放在盘内，上桌蘸着花椒盐、辣酱油吃。

红果包

此包造型美观，酸甜适口。含有丰富的碳水化合物、蛋白质和钙、磷、铁、锌、维生素 C 等多种营养素。做馅用的山楂糕，具有开胃消食、活血化瘀、收敛止痢、软化血管等功效。

【主料】 面粉 500 克，面肥 150 克，山楂糕 125 克，青梅 10 克。

【辅料】 糖桂花 5 克，食碱适量。

【制法】 ①将山楂糕、青梅均切成细末，同放碗内，加糖桂花拌匀成馅。 ②将面粉放入盆内，加面肥和温水 250 克，和成发酵面团。 ③待酵面发起，对入适量碱液，揉匀后搓成长条，揪成每个重约 50 克的剂子，擀成中间稍厚、边缘稍薄的锅底形圆片，然后逐个放入馅料，收严剂口，做成石榴形。再用剪刀从生坯底部逐层剪若干三角形（最底层 5 个，二层 4 个，三层 3 个，四层 2 个，五层 1 个），顶端再剪成小花嘴形，即成包子生坯（也可在包入馅心后制成椭圆形红果包）。④将包子生坯摆入屉内，上笼用旺火蒸 15 分钟即成。

阳春面

此面汤清味鲜,清淡爽口。含有蛋白质、脂肪、碳水化合物,还可提供人体必需的B族维生素和部分矿物质。

【主料】 鸡蛋面条100克,鸡蛋1个,青蒜苗3棵。

【辅料】 香油5克,花生油少许,精盐2克,味精1克,鲜汤适量。

【制法】 ①将鸡蛋磕入碗内搅匀。炒锅上火烧热,用洁布抹一层花生油,倒入蛋液摊成蛋皮,取出切成细丝。蒜苗洗净,切成2.5厘米长的段。 ②锅置火上,加水烧开,下鸡蛋面条煮熟,捞出盛在碗内,撒上蛋皮丝、青蒜段。 ③将鲜汤倒入炒勺中烧开,撇去浮沫,加精盐、味精调味,再淋点香油,浇在面条上即成。

鸡蛋家常饼

此饼外酥里软,鸡蛋香嫩。富含蛋白质、脂肪、碳水化合物和钙、磷、铁、锌、维生素A、维生素B_1、维生素B_2、维生素D、维生素E、尼克酸等营养素。

【主料】 面粉500克,鸡蛋250克。

【辅料】 花生油100克,精盐10克,葱花100克。

【制法】 ①将鸡蛋磕入小盆内,加入葱花、精盐搅匀。②将面粉放入盆内,加温水300克和成较软的面团,稍饧,上案搓成条,揪成5个剂子,分别用擀面杖擀开,刷上花生油,撒少许精盐,卷成长条卷,盘成圆形,擀成直径12厘米的圆饼。 ③平底锅置火上烧热,逐个把饼放入锅内,定皮后抹油

(只抹一面),再烙黄至熟取出。 ④将鸡蛋液分成5份,把1/5鸡蛋液倒在平底锅上摊开(大小与饼一致),将饼无油的一面贴放在蛋上,烙熟即成,食时切成小块。

香椿蛋炒饭

此饭芬芳诱人,是初春时节"尝春"的美食。含有丰富的蛋白质、碳水化合物、多种维生素和矿物质等营养素。

【主料】 米饭250克,鸡蛋2个,猪瘦肉丝75克,嫩香椿芽125克。

【辅料】 花生油50克,精盐3克,水淀粉适量。

【制法】 ①将肉丝放入碗内,加精盐、水淀粉、半个鸡蛋的蛋清,抓匀上浆。将另一个鸡蛋磕入碗内,加剩余的蛋液和精盐少许搅匀。香椿芽洗净切碎。 ②炒锅上火,放适量油烧至四成热,下肉丝滑散出锅。 ③原锅置火上,放入余下的花生油烧热,倒入鸡蛋液炒熟,下肉丝和香椿,旺火翻炒均匀,倒入米饭拌匀,盛入盘内即成。

核 桃 酪

此点甜香味美。含有丰富的蛋白质、脂肪、碳水化合物和人体所需的多种维生素和矿物质。常吃核桃对人体的大脑神经很有益处,有滋补保健的作用。有人测试,吃50克核桃仁所摄取的营养,相当于250克鸡蛋或200克牛肉、450克牛奶,是营养含量极高的保健食品。

【主料】 核桃仁200克,江米100克。

【辅料】 白糖250克,水淀粉适量,花生油300克(约耗 25 克)。

【制法】 ①将核桃仁用水泡软，用竹签挑去桃仁里边的分心膜，洗净。江米淘洗干净，用清水泡 2 小时。 ②炒锅上火，放入花生油烧热，下核桃仁炸酥，捞出晾凉后，和泡好的江米并加水 200 克一起磨成核桃浆。 ③净炒锅置火上，放入清水 400 克和白糖烧沸，撇去浮沫，倒入核桃浆搅开，烧沸后撇去浮沫，用水淀粉勾薄芡，盛入碗内即成。

三色发糕

此糕美观大方，暄软适口。富含碳水化合物和大量 B 族维生素，能增进食欲、健脾胃。

【主料】 面粉 225 克，玉米面 150 克，豆沙馅 250 克，面肥 50 克，瓜条 15 克，青梅 15 克，山楂糕 15 克。

【辅料】 白糖 150 克，食碱 2 克，小苏打 1 克。

【制法】 ①将瓜条、青梅、山楂糕均切成小丁。玉米面放入碗内，用温水 100 克和成玉米面团。把面粉放入盆内，加入面肥及温水 115 克和成发酵面团，待酵面发起，加入食碱揉匀。 ②将使好碱的面团分成两份，1 份面团和玉米面团和匀，在温热的地方静置发酵 30 分钟，加适量小苏打和 75 克白糖揉匀。另 1 份面团加入余下的白糖揉后，擀成面片，抹上豆沙馅，放在蒸屉上，再把静置发酵好的玉米面团摊在豆沙馅上，手沾水轻轻拍平，撒上瓜条丁、青梅丁、山楂糕丁，上火蒸制，先用小火蒸 5 分钟，再用大火蒸 25 分钟即熟。出锅后切成长条，再切成菱形块即成。

孕产妇食谱

玉米面发糕

此糕是粗粮细作,暄软香甜。含有丰富的碳水化合物、蛋白质、脂肪及钙、磷、铁、锌等矿物质和多种维生素。

【主料】 玉米面500克,红糖100克,红小枣150克,面肥75克。

【辅料】 食碱5克。

【制法】 ①将小枣洗净,放入碗内,加水适量,上屉蒸熟,取出晾凉。 ②将面肥放入盆内,加水澥开,倒入玉米面,和成较软的面团发酵。待面团发起,加食碱和红糖搅匀。③将屉布浸湿铺好,把面团倒在屉布上,用手沾水抹平,约2厘米厚,将小枣均匀地摆在上面,用手轻按一下,上笼用旺火蒸30分钟即熟,取出扣在案板上,切成菱形小块即成。

玉米面蒸饺

此饺外皮筋道。含有丰富的蛋白质、碳水化合物,还含有多种矿物质、维生素及粗纤维。

【主料】 玉米面500克,韭菜250克,虾米皮25克,水发粉条头200克,面粉适量。

【辅料】 熟猪油50克,香油5克,甜面酱、精盐、味精、花椒粉、酱油、醋、芥末各适量。

【制法】 ①将韭菜择洗干净,切成碎末。虾米皮用清水漂洗好,挤去水分。水发粉条头剁碎。 ②将粉条头、虾米皮放入盆内,加入精盐、味精、甜面酱、花椒粉拌匀,再把韭菜末放在上边,浇上熟猪油、香油拌匀,即成馅心。 ③将锅置火上，放入清水375克烧沸，把玉米面徐徐撒入（全部玉米面撒完，水也干了为宜），用筷子搅拌均匀，倒在案板上稍晾一会儿，用手搌和好，用面粉作扑面，揉搓成细条，揪成20个剂子，剂口朝上摆好，再撒上一层面粉，用手把剂子按扁，用擀面杖擀成直径10厘米的圆皮，包入馅心，对折捏成饺子形，上笼屉用旺火蒸15分钟即成。食用时，可蘸醋、酱油、芥末等佐料。

小窝头

此窝头色泽金黄，暄软香甜。含有丰富的碳水化合物、蛋白质和钙、磷、铁、尼克酸等多种营养素。

【主料】 细玉米面650克，黄豆粉150克。

【辅料】 白糖400克，小苏打少许。

【制法】 ①将玉米面、黄豆粉、白糖放入盆内，掺和均匀，逐次加入温水350克及苏打水，边加水边揉和。揉匀后，用手蘸凉水，将面团搓条，分成50克2个的小剂，并把每个小剂捏成小窝头，使其内外光滑，似宝塔形。 ②将做好的窝头摆在笼屉上，放进烧开的水锅内，盖严锅盖，用旺火蒸15分钟即熟。

三、孕晚期食谱

孕晚期是指妇女怀孕的最后3个月。

在此期间，胎儿细胞体积增加迅速；大脑皮层发育和髓鞘化加快；肺部继续发育以适应出生后血氧交换功能；皮下脂肪大量储存，正常胎儿在30周时的体内储脂量约为80克，至40周时可达440克，故胎儿体重剧增。同时，母体由于子宫增大，胎盘产生大量孕激素影响胃肠蠕动而易腹胀便秘。怀孕32~36周时，血容量增长达到高峰，血液脂质水平进一步提高，孕酮与雌激素的作用和水钠代谢变化，致使有些孕妇妊娠晚期有较多水钠储留，而出现轻度高血压、水肿和蛋白尿。

孕晚期是孕妇体内和胎儿对蛋白质与钙、铁等物质储留最多的时期。孕妇的膳食营养应在孕中期的基础上作相应调整，适当增加食物摄入量，尤其应增加蛋白质和钙、铁等营养素的供给。

在这个阶段，蛋白质的供给量应在原有基础上每日再增加25克。

孕晚期胎儿肝脏以每日5毫克的速度储存铁，至出生时储存量可达300~400毫克，故孕妇应多食含铁量高的食品。如孕妇对铁摄入量不足，会影响胎儿体内铁的储存，孩子出生后易患缺铁性贫血。

妊娠晚期，孕妇及胎儿对钙的需要量显著增加，除母体钙的储存量增加外，胎儿体内的钙一半以上是在最后2个月内储存的。

在此期间，孕妇体内摄取的热量，一般应不低于孕中期的供给量。但孕晚期的最后2周，应适当限制含脂肪和碳水化合物等高热能食品的摄入，以免胎儿长得过大，影响分娩。

孕晚期，孕妇进餐次数每日可增至5餐以上，以少食多餐为原则。应选择体积小、营养价值高的食物，如动物性食品等；减少营养价值低而体积大的食物，如土豆、红薯等。对一些含热量高的食物如白糖、蜂蜜等甜食宜少吃或不吃，以防降低食欲，影响蛋白质等营养素的摄入。有水肿的孕妇食盐量应限制在每日5克以下。此外，还应避免食用辛辣等刺激性食物。

孕产妇食谱

扒奶汁白菜

此菜色泽乳白,软嫩可口。含有丰富的钙、磷、铁、锌和维生素 B_1、维生素 B_2、维生素 C、尼克酸等多种营养素。中医认为,白菜味甘、性温,有通利肠胃、宽胸除烦、消食下气等功效。

【主料】 大白菜心 2 棵(重约 250 克),牛奶 100 克,鲜汤 200 克。

【辅料】 花生油 50 克,精盐、味精、料酒、水淀粉、葱末各适量。

【制法】 ①将白菜心洗净,切成 14 厘米长、1 厘米宽的条,菜帮贴锅底放在锅内,加入适量开水(以漫过白菜为度),上火煮烂。 ②炒锅置火上,放油烧热,下葱末,加料酒、鲜汤、精盐略烧,放入白菜条,开锅后转文火烧至入味,加牛奶、味精炒匀,用水淀粉勾芡,淋明油,盛入盘内即成。

鸡块白菜汤

此菜汤清爽口,肉烂脱骨。含有丰富的优质肉类蛋白质、脂肪和钙、磷、铁、锌等微量元素,及维生素 B_1、维生素 B_2、尼克酸、维生素 C 等营养素。

【主料】 白条鸡半只,白菜 500 克。

【辅料】 精盐、味精、葱、姜各适量。

【制法】 ①将鸡洗净,剁成小块,放入沸水锅内烫一下捞出,用清水洗净。白菜切成小块。葱切段。姜切片。 ②汤锅置火上,放入鸡块,加葱段、姜片和清水烧开,转微火煮至筷子能夹动，撇去浮沫，捞去葱、姜。 ③将白菜放入汤锅内略煮，加精盐、味精调好味，盛入汤盆内即成。

白干炒菠菜

此菜色泽碧绿，清香可口。菠菜富含钙、铁、维生素C，有补血、助消化、通便的功效，是妊娠晚期、产褥期补铁的菜肴。白干含有丰富的蛋白质、碳水化合物等多种营养素。

【主料】 菠菜500克，白豆腐干2块。

【辅料】 花生油40克，精盐4克，味精1克。

【制法】 ①将菠菜择洗干净，切成5厘米长的段，放入沸水锅内稍焯一下，沥干水分。豆腐干洗净，切成小片。 ②炒锅置旺火上，放入花生油烧热，先将豆腐干倒入略煸，再下菠菜翻炒均匀，加精盐、味精，翻炒几下，盛入盘内即成。

青椒里脊片

此菜色泽白绿，淡雅美观，青椒爽脆，肉片滑嫩，味鲜可口。含有丰富的蛋白质、脂肪、钙、磷、铁和维生素C、维生素E等多种营养素，尤其是维生素C的含量极为丰富。

【主料】 猪里脊肉200克，青柿子椒150克，鸡蛋清1个。

【辅料】 香油、精盐、水淀粉各5克，味精2克，料酒10克，干淀粉6克，花生油500克（约耗50克）。

【制法】 ①将猪里脊肉剔去筋膜，切成柳叶形薄片，放入清水内漂净血水，取出放入碗内，加精盐少许、味精、鸡蛋清、干淀粉，拌匀上浆。青椒去蒂及子，切成与肉片大小相同的片。　②炒锅上火,用油滑锅,放入花生油,烧至四成热,下里脊片滑熟,捞出沥油。　③原锅留油少许置火上,下青椒片煸至变色,加料酒、余下的精盐和清水40克烧沸,用水淀粉勾芡,倒入里脊片,淋香油,盛入盘内即成。

香肠炒油菜

此菜色泽美观,鲜嫩适口,诱人食欲。含有丰富的钙、铁、胡萝卜素、尼克酸、维生素C等多种营养素。

【主料】　油菜200克,香肠50克。

【辅料】　花生油15克,精盐3克,味精、料酒各2克,葱末、姜末各少许。

【制法】　①将油菜择洗干净,切成3.3厘米长的段,梗、叶分放。香肠切成薄片。　②炒锅上火,放油烧热,下葱末、姜末炸出香味后,倒入油菜梗煸炒几下,再倒入油菜叶,炒至半熟时,倒入切好的香肠,加精盐、味精、料酒,快炒几下,起锅装盘即成。

香菇炒菜花

此菜色鲜味美,清淡适口。含有丰富的蛋白质、脂肪、碳水化合物、钙、磷、铁和维生素B_1、维生素B_2、维生素C、尼克酸等多种营养素。中医认为,香菇味甘、性平,有益气、补虚、健胃等功效,可用于食欲不振、吐泻乏力等症的辅助治疗。香菇中的麦角甾醇在阳光照射下能转化为维生素D,可防治佝偻病。

【主料】　菜花250克,香菇15克,鲜汤200克。

【辅料】 花生油15克，熟鸡油10克，精盐3克，味精、葱、姜各2克，水淀粉10克。

【制法】 ①将菜花择洗干净，切成小块，放入沸水锅内焯一下捞出。香菇用温水泡发，去蒂，洗净。 ②炒锅上火，放花生油烧热，下葱、姜煸出香味，加鲜汤、精盐、味精，烧开后捞出葱、姜不要，放入香菇、菜花，用小火稍煨入味后，用水淀粉勾芡，淋熟鸡油，盛入盘内即成。

干烧豇豆

此菜色泽翠绿，味道鲜香，营养价值较高。含有较丰富的蛋白质、脂肪、碳水化合物、钙、磷、铁、锌和胡萝卜素、维生素 B_1、维生素 B_2、维生素 C 及尼克酸等多种营养素。中医认为，豇豆味甘、性平，有理中益气、补肾、健脾、消渴等功效。

【主料】 嫩豇豆500克，小海米20克。

【辅料】 香油、料酒各10克，精盐4克，味精2克，葱末5克，花生油500克（约耗60克），鲜汤适量。

【制法】 ①将豇豆择洗干净，切成5厘米长的段。小海米洗净，用温水泡软，捞出沥水，剁成碎末。 ②炒锅上火，放入花生油，烧至六成热，下豇豆炸至起皱，捞出沥油。 ③原锅留油少许，置旺火上，下葱末、海米略煸，倒入豇豆炒拌，加料酒、精盐、味精、鲜汤，用大火将卤汁收干，翻炒几下，淋入香油即成。

香滑芹菜卷

此菜外绿里白,滑嫩爽脆,芹香诱人。含有丰富的蛋白质、钙、磷、铁、锌和维生素 B_1、维生素 B_2、维生素 E、维生素 C 及尼克酸等多种营养素。芹菜味甘苦、性凉,有平肝清热、祛风利湿、醒脑健神、润肺止咳等功效。芹菜还含有丰富的维生素 P,具有降低毛细血管通透性,加强抗坏血酸的作用。

【主料】 嫩芹菜 250 克,青鱼肉 200 克,荸荠 100 克,海米 25 克,鸡蛋清 1 个。

【辅料】 精盐 4 克,味精 3 克,胡椒粉 1 克,料酒 10 克,水淀粉 10 克,花生油 400 克(约耗 35 克),鲜汤适量。

【制法】 ①将青鱼肉用刀背砸成茸,剔去骨和刺,放入碗内。荸荠、海米均剁成末放入鱼茸内,加鸡蛋清、精盐少许、味精、胡椒粉少许、料酒,搅拌成馅。 ②将芹菜去叶及根,洗净,切成 6 厘米长的段。取洁净纱布平摊在盘内,将芹菜段理顺,整齐地排放在纱布一端,取适量鱼馅铺成 1 厘米粗与芹菜段同长度的条,放在芹菜上,将纱布包成卷,使鱼肉馅粘在芹菜段上,成形后揭开纱布,取出芹菜卷放在盘内。按此法全部做完。 ③炒锅置旺火上,放入花生油,烧至四成热,下芹菜卷滑油,至肉馅变色,捞出沥油。 ④原锅去油上火,放鲜汤和余下的精盐、胡椒粉,开锅后用水淀粉勾芡,放入芹菜卷,裹匀卤汁即成。

千层茄子

此菜形如花朵,层次分明,软香适口。含有丰富的钙、磷、铁和多种维生素。茄子性味甘、寒，具有散血、止痛、收敛、止血、利尿、解毒等功效，多食能增加微血管的抵抗能力，防止血管脆裂出血。

【主料】 茄子500克，调好的猪肉馅150克。

【辅料】 酱油10克，精盐4克，味精2克，料酒5克，水淀粉30克，面粉适量，花生油500克（约耗75克）。

【制法】 ①将茄子去把、去皮，裁掉四边，使呈四方体，再切成0.33厘米厚的大薄片10片。 ②将部分水淀粉、面粉加适量精盐、酱油、味精和料酒、水调成糊。 ③取一片茄子，上撒面粉后，抹上一层肉馅，抹平后再撒一层面粉，盖一层茄片，茄片上再撒面粉，面粉上再抹肉馅，如此将5片茄片做成千层茄子生坯。将另5片茄片也做成同样的千层茄子生坯。 ④炒锅上火，放入花生油烧热，把千层茄子生坯蘸糊，分别下锅，两面均炸成金黄色，出锅沥油。 ⑤将炸好的千层茄子切成3厘米宽的条，再用坡刀切成菱形块，在盘内摆成花朵形，上笼蒸熟取出。锅置火上，加少许水和余下的酱油、精盐、味精，烧沸，用余下的水淀粉勾薄芡，浇在盘中茄子上即成。

南瓜蒸肉

此菜肉烂瓜甜，鲜香可口。富含蛋白质、脂肪、碳水化合物、钙、磷、铁、锌、胡萝卜素、维生素C等多种营养素。南瓜性味甘、寒，医用价值较高，具有镇喘、明目、消炎、止痛等作用。

【主料】 老南瓜1个，带皮猪肉500克。

【辅料】 酱油40克，酱豆腐汤15克，红糖、江米酒各

15克，葱、花椒各10克，姜5克，粳米100克，鲜汤25克。

【制法】 ①将南瓜带蒂从把的周围划入四方形刀缝，取把作盖，挖净瓤。猪肉刮洗干净，切成5厘米长、0.3厘米厚的片。将粳米、花椒混合，入锅炒黄，磨成粗粉。葱、姜均切末。 ②将猪肉片用葱末、姜末、酱豆腐汤、酱油、红糖、江米酒和鲜汤拌匀，加入米粉再拌匀，装入南瓜内，盖上盖，放在盘内，上笼蒸烂取出即成。

土豆烧牛肉

此菜汁浓菜烂，香美适口。含有丰富的蛋白质、脂肪、碳水化合物、钙、磷、铁、锌和多种维生素。土豆还含有大量的钾，是少有的"高钾蔬菜"。

【主料】 牛胸脯肉750克，土豆300克。

【辅料】 酱油75克，精盐8克，白糖、葱段、姜片各10克，大料、花椒各2克，花生油500克（约耗75克）。

【制法】 ①将牛肉洗净，切成3厘米见方的块，放入开水锅内氽透捞出，同花椒、大料放在一起。 ②将土豆洗净，去皮切成滚刀块，放入八成热的油内，炸成金黄色捞出沥油。③锅内留底油50克，下牛肉、花椒、大料、葱段、姜片煸炒出味，加酱油、白糖、精盐和水1000克，汤沸时撇去浮沫，用小火炖约90分钟，最后下土豆再炖几分钟，待汁浓菜烂，盛入盘内即成。

醋烹绿豆芽

此菜质地脆嫩，酸咸适度，爽口开胃。富含维生素C。

【主料】 绿豆芽250克，青红椒50克。

【辅料】 花生油30克，精盐4克，醋6克，白糖3克，葱末50克，姜末2克，花椒10粒。

【制法】 ①将绿豆芽择洗干净，沥干水分。青红椒去蒂及子，切成细丝。 ②将炒锅置火上，放入花生油，烧至七成热，下入花椒炸出香味，捞出弃掉，放入葱末、姜末、青红椒丝煸炒出香味，再放入绿豆芽翻炒至断生，加入精盐、白糖炒匀，淋入醋，盛入盘内即成。

炒胡萝卜丝

此菜色美味鲜。含有丰富的维生素A原（胡萝卜素），并含有多种维生素和矿物质。含糖量也高于一般蔬菜。

【主料】 胡萝卜250克，青蒜苗50克。

【辅料】 花生油30克，精盐3克，味精1克，花椒适量。

【制法】 ①将胡萝卜洗净，切成细丝，放入沸水锅内焯一下，捞出沥干水分。青蒜苗择洗干净，切成3厘米长的段备用。 ②将炒锅置火上，放入花生油烧热，放入花椒炸出香味，捞出花椒弃掉，倒入胡萝卜丝、青蒜苗段翻炒几下，加入精盐、味精炒匀，盛入盘内即成。

番茄什锦蔬菜碗

此菜造型美观，清淡爽口。富含维生素C、蛋白质和矿物质。有利于孕妇增加营养素，又有清热利尿、解渴解毒、开胃益气之功效。

【主料】 鲜西红柿4个（重约500克），熟鸡蛋2个，土豆 50 克，胡萝卜 25 克，黄瓜 100 克，豌豆 25 克。

【辅料】 沙拉酱适量，精盐少许。

【制法】 ①将西红柿洗净，用开水略烫，切去蒂，挖去瓤（另用），制成西红柿碗备用。 ②将土豆、胡萝卜分别洗净，用水煮熟，去皮切丁。豌豆煮熟沥水。熟鸡蛋切成小丁。黄瓜切丁，用少许精盐腌渍片刻，沥干水。 ③将土豆丁、胡萝卜丁、豌豆、鸡蛋丁、黄瓜丁放入碗内，用沙拉酱拌匀，装入西红柿碗内即成。

糖醋黄瓜

此菜酸甜脆嫩，十分爽口。含有钙质、维生素 C 及娇嫩的粗纤维，具有清热解毒、预防便秘的功效。

【主料】 嫩黄瓜 300 克。

【辅料】 香油 5 克，精盐 2 克，白糖 30 克，白醋 15 克。

【制法】 ①将黄瓜刷洗干净，用刀剖成两半，视黄瓜的粗细程度，再改成长条，斜刀切成菱形块，放入盆内，加入精盐拌匀稍腌。 ②将白糖放碗内，加入白醋，用汤匙慢慢把白糖研化。 ③将腌过的黄瓜轻轻挤去水分，放入糖醋汁中，再腌渍 1 小时左右，淋香油拌匀，盛入盘内即成。

奶油冬瓜

此品白绿相间色泽美，味道清淡入口鲜。含有蛋白质、多种维生素和微量元素。冬瓜有明显的消水肿、利尿、消炎、祛痰、镇喘等作用。

【主料】 冬瓜 500 克，牛奶 100 克。

【辅料】　熟鸡油15克，鲜汤250克，精盐4克，味精2克，料酒、姜片各10克，葱段、水淀粉各15克，大料少许。

【制法】　①将冬瓜刮去皮，去瓤洗净，切成长6.6厘米、宽4厘米、厚1.5厘米的片，瓤面向上依次码放汤碗中，加入大部分鲜汤和大料、葱段、姜片、精盐，上笼蒸烂。　②取出蒸碗，去掉大料、葱段、姜片，把碗内冬瓜连汤倒入锅内，加少量鲜汤，上旺火烧沸，找好口味，撇去浮沫，加入牛奶、味精、料酒，用水淀粉勾芡，淋入熟鸡油，翻锅滑入大盘内即成。

红枣酪

此品甜蜜爽口，营养丰富。含有丰富的蛋白质、脂肪、碳水化合物和胡萝卜素、维生素B、维生素C、维生素P和钙、磷、铁等。大枣中维生素C的含量极为丰富，为百果之冠，有"活维生素丸"之称。人们常把大枣当成补品，用于治疗贫血、血小板减少性紫癜等病。产妇经常吃些大枣，对恢复身体健康很有帮助。

【主料】　红枣、核桃仁各100克，粳米50克。

【辅料】　白糖200克。

【制法】　①将红枣洗净，放入沸水锅内煮至膨胀时捞出，去皮去核。核桃仁用沸水浸泡后去皮，用冷水洗净。粳米淘洗干净，用温水浸泡2小时。　②将核桃仁和红枣一起切成细末，放入盆内，加入泡好的粳米和清水200克调匀，用洗净的小磨或多用搅肉机磨成黏稠的浆汁。　③将磨好的浆汁放入锅内，加白糖和清水500克搅匀，置中火上，用铝勺不断推搅，待烧沸后，盛入汤碗内即成。

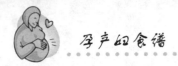

口蘑烧腐竹

此菜色泽美观,咸鲜可口。富含蛋白质、钙、磷、铁、锌、维生素 B_1、维生素 C 等多种营养素。具有补脾益气、清热解毒、保护血管、健身宁心等功效。

【主料】 水发口蘑 50 克,水发腐竹 200 克,鲜嫩青豆 50 克。

【辅料】 花生油 25 克,香油 5 克,精盐 4 克,味精 2 克,葱花 5 克,姜末 3 克,水淀粉 8 克,鲜汤 150 克。

【制法】 ①将水发腐竹放入锅内稍煮,切成 3 厘米长的段。口蘑切厚片。 ②将炒锅置火上,放入花生油,烧至六成热,下入葱花、姜末爆香,下入青豆煸炒至六成熟,放入腐竹、口蘑片、鲜汤烧沸,加入精盐、味精稍煮,用水淀粉勾芡,淋入香油,盛入盘内即成。

雪映红梅

此菜豆腐似雪,映衬朵朵红梅,造型美观,质地软嫩,味道鲜美。含有丰富的蛋白质、钙、磷、铁、锌和胡萝卜素等多种营养素。其中钙、磷的含量较高,孕妇常食,有利胎儿骨质发育。

【主料】 豆腐 3 块,胡萝卜(小手指粗)2 根,猪肥膘肉 100 克,水发香菇 3 个,鸡蛋清 3 个。

【辅料】 熟花生油 15 克,干淀粉 5 克,精盐、味精、料酒各适量。

【制法】 ①将豆腐片去表皮,用刀抹成泥。把猪肥膘肉剁成泥。将两种泥放入碗内,加入精盐、味精、料酒、干淀粉拌匀。 ②将鸡蛋清放入碗内,搅打成泡沫状,倒入豆腐和肉泥里,搅拌均匀。 ③将胡萝卜洗净刮皮,雕刻成梅花。 ④取大盘1个,抹上油,将豆腐肉泥倒入摊平。把香菇切成粗细不等的小条作梅花枝干,摆在豆腐和肉泥上,将梅花放在枝干上,上屉用旺火蒸5分钟,取出即成。

雪里蕻炖豆腐

此菜滋味鲜美,柔嫩爽口。富含大豆蛋白质、脂肪、碳水化合物和钙、磷、铁等多种矿物质,以及胡萝卜素、维生素 B_2、尼克酸、维生素 C 等营养素,孕妇常食,有利于钙、铁的补充。

【主料】 豆腐3块,咸雪里蕻150克。

【辅料】 熟猪油40克,精盐、味精、葱丁、姜末、鲜汤、花椒水各适量。

【制法】 ①将雪里蕻洗净用冷水稍泡,挤去水切成末。豆腐切成3.3厘米长、1.5厘米宽、1厘米厚的块,放入沸水锅内烫一下,捞出沥水。 ②炒锅上火,放油烧热,下葱丁、姜末略炸,放入雪里蕻,炒出香味,添汤下豆腐(汤没过豆腐),用旺火烧开,转小火炖,加精盐、花椒水,炖4分钟,待豆腐入味、汤汁不多时,放味精,起锅装盘即成。

肉炒五丝

此菜五彩缤纷,清爽适口。富含维生素 A、维生素 C、钙、铁、锌等多种营养素。

【主料】 猪瘦肉50克,胡萝卜50克,青椒50克,木耳

10 克,香菇 10 克,海带 10 克。

【辅料】 花生油 50 克,酱油 5 克,精盐 4 克,味精 2 克,料酒 10 克,葱丝 10 克,姜丝 5 克,水淀粉 5 克,鲜汤少许。

【制法】 ①将木耳、香菇、海带分别用温水泡发,择洗干净,切成细丝。胡萝卜、青椒均择洗干净切丝。猪肉洗净,切丝备用。 ②将炒锅置火上,放入花生油烧热,下入肉丝炒至断生,加入葱丝、姜丝煸炒几下,放入木耳丝、香菇丝、海带丝煸炒,再放入胡萝卜丝、青椒丝煸炒几下,加入料酒、酱油、精盐、味精及鲜汤,用水淀粉勾芡,盛入盘内即成。

水晶丸子

此菜滑嫩可口,透明似水晶。富含蛋白质、脂肪、碳水化合物和钙、磷、铁、锌及维生素 B_1、维生素 B_2、维生素 C 等多种营养素。猪肉味甘咸、性平,有滋阴补肌、润肠养胃等功效,适于老年体弱、营养不良、产后阴亏以及口渴、便秘、干咳无痰、肾虚腰疼者食用。

【主料】 猪肥瘦肉 500 克,水发香菇 25 克,熟火腿 15 克,油菜心 4 棵,鲜汤 500 克,鸡蛋清 2 个。

【辅料】 熟鸡油 5 克,精盐 6 克,味精 1 克,料酒 10 克,干淀粉 100 克,葱末 10 克,姜末 5 克。

【制法】 ①将猪肉洗净,用刀剁成细茸,放入碗内,加入葱末、姜末、鸡蛋清、精盐少许、料酒,搅拌均匀,挤成每个约 10 克的肉丸,放入干淀粉内粘匀。 ②炒锅上火,放入清水烧沸,把肉丸放入氽一下,再把肉丸捞入干淀粉内,晃动粘匀,再入沸水锅中氽一下,如此反复 3~4 次。最后,烫至熟透即捞出盛入汤碗内。 ③将余肉丸的炒锅连汤置旺火上，加入鲜汤，下香菇、火腿片、油菜心，放余下的精盐和味精，烧开后淋熟鸡油，倒入盛肉丸的汤碗内即成。

香质肉

此菜鲜香适口，肥而不腻。不仅含有优质蛋白质、脂肪，而且还是铁、磷、B族维生素、尼克酸和胶原蛋白的良好来源。

【主料】 带皮猪五花肉250克。

【辅料】 甜面酱10克，酱油、甜酒酿（或料酒）、姜各5克，葱10克，味精2克，白糖适量。

【制法】 ①将猪肉洗净，切成4.5厘米长、1.5厘米宽的长方块，放入开水锅内煮3分钟，捞出放在碗内，加甜面酱、甜酒酿、酱油、白糖、味精拌匀，腌渍30分钟，使之入味。②将葱、姜均切成丝。把肉带皮的一面朝下，在碗内排齐，放上葱丝、姜丝。 ③将装好肉的碗放入屉内，上笼用旺火蒸2小时，至肉皮软烂取出，把肉翻扣在盘内即成。

炒腰花

此菜色泽金红，脆嫩爽口。含有丰富的维生素B_2、尼克酸、维生素C、维生素B_1和铁、磷、钙、蛋白质、脂肪等多种营养素。具有健脾生血、补中益气、养肝明目、补肾益精等功效，可用于预防和辅助治疗维生素B_2缺乏症。

【主料】 猪腰250克，木耳25克，青蒜100克。

【辅料】 酱油、葱各25克，醋、料酒各5克，味精2克，水淀粉 50 克,姜汁少许,花生油 500 克(约耗 50 克),鲜汤少许。

【制法】 ①将猪腰从中间切开,片去腰膜,切麦穗花刀,每片按大小改成 4~6 块。 ②将葱切丝,青蒜切段,木耳撕成小片,一起放小碗内,加酱油、料酒、姜汁、醋、味精、水淀粉和鲜汤,对成芡汁。 ③将猪腰块用开水焯一下,捞出沥水。炒锅上火,放油烧热,下猪腰块稍爆,倒入漏勺内沥油。炒锅留底油置火上,倒入芡汁炒浓,下爆好的猪腰块,翻炒均匀,淋少许明油,装盘即成。

拌猪肝菠菜

此菜清淡鲜香,含有多种营养素,尤其含有丰富的优质蛋白质和维生素 A、维生素 D、维生素 B_2、维生素 B_{12}、叶酸及钙、锌、碘、铁等微量元素。

【主料】 鲜猪肝 300 克,菠菜 250 克,发好的海米、香菜各 20 克。

【辅料】 香油、酱油、蒜泥各 10 克,精盐 3 克,醋 5 克。

【制法】 ①将猪肝洗净,切成小片,放入沸水锅内汆至断生,捞出用凉开水过凉,沥干水分。 ②将菠菜择洗干净,焯后投凉,切成 2.5 厘米长的段,沥净水分。香菜择洗干净,切成 1.5 厘米长的段。 ③将菠菜、肝片、香菜、海米放入盘内,加入酱油、香油、醋、精盐、蒜泥,拌匀即成。

清炖牛肉

此菜牛肉酥烂,汤清味鲜。含有丰富的蛋白质、脂肪和钙、磷、铁、锌、尼克酸、维生素 E 等多种营养素,具有补脾胃、益气血、除湿气、消水肿、强筋骨等作用。

【主料】　黄牛肋条肉 500 克，青蒜丝 5 克。

【辅料】　花生油 20 克，精盐 10 克，味精 2 克，料酒 12 克，胡椒粉 0.5 克，葱段 15 克，姜块 7.5 克。

【制法】　①将牛肋条肉洗净，切成小方块，放入沸水锅内焯一下，捞出放入清水内漂清。　②炒锅置旺火上，放入花生油烧热，下牛肉块、葱段、姜块煸透，倒入沙锅内，加清水（以漫过牛肉为度）、料酒，盖好锅盖，开锅后用小火炖至牛肉酥烂时，加入精盐、味精、胡椒粉，盛入汤碗内，撒入青蒜丝即成。

烧蹄筋

此菜色泽酱红，油润晶亮，软烂滑糯，香味浓郁。含有丰富的蛋白质、脂肪、碳水化合物，具有健脾益胃、养精增液、强筋健骨等功效。

【主料】　水发牛蹄筋 250 克，鲜汤 150 克。

【辅料】　花生油、香油、酱油各 25 克，干淀粉 10 克，味精 2 克，料酒 5 克，白糖 2 克，大料 1.5 克，葱 15 克，姜 5 克，蒜 10 克。

【制法】　①将牛蹄筋切成 4.5 厘米长的条。葱切成斜段。姜、蒜均切成 0.3 厘米厚的片。　②炒锅置旺火上，放入花生油烧热，下大料、葱段、姜片、蒜片略炸，至葱变黄时，烹料酒，加鲜汤，待汤烧两开后，捞出大料、葱、姜、蒜不要，放入蹄筋，加酱油、白糖、味精，待汤再开时，转小火煨 5 分钟，然后再转旺火上，淋水淀粉（10 克干淀粉加等量清水），再向炒锅内四周淋香油，颠翻炒锅，盛入盘内即成。

三丝蛋饼

此菜色泽美观,蛋嫩味鲜,加上笋丝、海带丝,别具风味。富含优质蛋白质、钙、磷、铁、锌、碘、多种维生素及粗纤维。

【主料】 鸡蛋2个,猪瘦肉10克,罐头竹笋15克,水发海带15克。

【辅料】 花生油10克,酱油6克,精盐2克,料酒少许,水淀粉10克,葱花5克,鲜汤150克。

【制法】 ①将鸡蛋磕入碗内,加入酱油和少许精盐、葱花及料酒搅打均匀,加入鲜汤110克调匀,上笼蒸15分钟,取出,放置一边。 ②将猪肉切成丝,用少许精盐、水淀粉拌匀上浆。笋切丝。海带切细丝(先把海带煮酥)。 ③将炒锅置火上烧热,放入花生油,下入肉丝炒散,放入余下的葱花和笋丝、海带丝炒匀,加入余下的鲜汤、精盐,用余下的水淀粉勾芡,淋入香油,浇在蒸好的蛋上即成。

熘黄菜

此菜色泽鲜艳,犹如红绿宝石镶在龙袍上。蛋中掺有甜脆的荸荠,食之爽口,又配以火腿、豆苗,色鲜味正。富含蛋白质、脂肪、钙、磷、铁、锌以及维生素A、维生素B_1、维生素B_2、维生素E等营养素。

【主料】 鸡蛋200克,荸荠、豌豆苗各50克,熟火腿30克,鲜汤300克。

【辅料】 花生油50克,精盐3克,味精1克,料酒5

克,干淀粉10克。

【制法】 ①将豌豆苗择洗干净,用开水稍烫后过凉。②将火腿切末。荸荠去皮切成碎丁。 ③将鸡蛋磕入碗内,搅拌均匀,加入荸荠丁、精盐、料酒、干淀粉、鲜汤,再打均匀。 ④炒锅上火,放油烧至八成热,把打好的蛋液入锅翻炒,炒成糊状时加入味精装盘,再撒上火腿末、豌豆苗即成。

四喜蒸蛋

此菜鲜嫩异常,美味可口。含有丰富的蛋白质、钙、磷、铁、锌和维生素A、维生素B_1、维生素B_2、维生素E等多种营养素。具有养血生精、长肌壮体、补益脏腑的功效,尤其是维生素A的含量较高,对维生素A缺乏症,有很好的治疗作用。

【主料】 鸡蛋2个,小海米、冬笋各5克,熟鸡脯肉、蘑菇各10克。

【辅料】 精制花生油、葱姜汁各15克,酱油、料酒各10克,精盐3克,味精1克,胡椒粉0.5克。

【制法】 ①将鸡蛋磕入碗内,搅打均匀。小海米用温水泡软,洗净剁成细粒。蘑菇去蒂,与冬笋、熟鸡脯肉分别切成细粒。 ②取1个大碗,倒入蛋液、海米、蘑菇、冬笋、熟鸡脯肉,加清水300克和酱油、料酒、精盐、味精、葱姜汁、胡椒粉、花生油,搅和均匀。 ③将盛蛋液的大碗放入蒸锅内,锅内加水盖上锅盖,用大火烧沸,转小火蒸约15分钟,见蛋液呈豆腐脑状即可。

碎熘笋鸡

此菜色泽金黄,外酥里嫩,鲜香适口。含有丰富的优质蛋白质、维生素A、尼克酸。其氨基酸组成与人体需要的氨基酸模式接近,营养价值较高。

【主料】 宰好的笋鸡1只(重约500克),口蘑10克,青椒75克。

【辅料】 酱油30克,味精2克,料酒5克,干淀粉100克,葱15克,姜5克,蒜10克,花生油500克(约耗100克)。

【制法】 ①将笋鸡剁去爪,仰放在菜板上,由肛门稍上侧横开一口,掏去内脏,冲洗干净,沥干水分,剁成1.5厘米见方的块。口蘑用开水泡发,择洗干净(留下汤汁待用)。青椒去蒂及子洗净,与口蘑一并切成1厘米见方的丁,用开水烫一下。大部分干淀粉加适量水调匀成糊,小部分对水成水淀粉。葱切成豆瓣块。姜去皮切成极细的末。蒜去皮用刀拍松切成碎末。 ②将豆瓣葱、姜末、蒜末、酱油、料酒、味精、口蘑汤、水淀粉放入碗内,对成芡汁。 ③炒锅上火,倒入花生油,烧至六成热,把用淀粉糊浆过的鸡块放入稍炸,用漏勺捞起。用手勺将粘连在一起的鸡块拍散,再放入油内用旺火炸酥,捞出沥油。 ④炒锅留底油置火上,下炸好的鸡块、青椒、口蘑和芡汁,翻炒几下,使芡汁均匀地裹在鸡块上,淋入明油,起锅装盘即成。

五香酱肥鸭

此菜鲜香味美,营养丰富。含有较多的蛋白质、脂肪、钙、磷、铁、锌、硫胺素、核黄素、尼克酸等多种营养素。中医认为,鸭肉味甘咸、性微寒,有滋阴补肾、化痰利水等功效。适于体衰虚热者食用。低烧、虚弱、食少、便干及水肿者常食有益。

【主料】 鸭子1只(重约1000克)。

【辅料】 香油15克,酱油200克,料酒、白糖各40克,味精2克,葱段50克,姜片25克,桂皮5克,大料1.5克,花椒、小茴香各10粒。

【制法】 ①将鸭子收拾干净,胸脯朝上,在鸭腹的下方(靠近肛门处)顺划一刀,再左右划开,掏出两侧的油脂和内脏,用凉水冲洗干净。 ②将鸭子放入锅内,加凉水(以漫过鸭子为度),上火烧开,煮10分钟捞出,洗净。 ③将煮鸭子的锅置火上烧开,放入鸭子及花椒、茴香、桂皮、大料、葱段、姜片、酱油、白糖、料酒、味精,烧开后转小火煮1.5小时,再用大火煮沸收汁,使鸭上色,10分钟后,捞出晾凉,刷一层香油即成。

蛋片鱼肉羹

此羹色彩红、白、绿、黑、黄交相辉映,非常鲜艳夺目,口味咸鲜并有蒜香及海鲜味。富含蛋白质、铁、钙、磷、锌等多种营养素。特别其含钙量是鱼类中较高的。

【主料】 鲳鱼1条(重约500克),鸡蛋1个,黑木耳10克,胡萝卜50克,青蒜苗20克,鲜汤750克。

【辅料】 花生油50克,香油10克,精盐5克,料酒15克,水淀粉20克,姜末5克,葱末5克,葱段、姜片各少许。

【制法】 ①将鲳鱼剖腹去内脏,洗净放入盘内,加入葱段、姜片、少许料酒上笼蒸30分钟,冷却拆肉备用。 ②将木耳洗净,用冷水泡发,撕成小朵。胡萝卜切片。青蒜切成2厘米长的段。 ③将炒锅置火上,放入花生油烧热,下入葱末、姜末炒香,倒入胡萝卜片、木耳、鲜汤,待胡萝卜将熟时,倒入鱼肉,加入精盐和余下的料酒,烧开,用水淀粉勾芡,淋入鸡蛋液,视蛋液上浮呈云片状,撒入青蒜段,淋入香油即成。

葱头红烧鱼

此菜色泽褐红,葱味香浓,甜中带咸,微有醋香。富含蛋白质,并含有多种维生素及钙、磷、铁等多种营养素。具有通乳、安胎的作用。

【主料】 鲤鱼1条(重约600克),葱头200克。

【辅料】 酱油60克,料酒25克,白糖30克,醋少许,姜块5克,花生油500克(约耗50克)。

【制法】 ①将鲤鱼去鳞及鳃,剖腹去内脏洗净,切成块,用少许酱油、料酒拌匀,腌渍片刻。 ②将炒锅置火上,放入花生油,烧至八成热,下入鱼块炸至表面金黄,捞出沥油。葱头去皮洗净,切成丁。姜切片。 ③将净炒锅置火上,放入花生油15克,烧热,下入葱头丁炒香,放入姜片,倒入鱼块,加入余下的料酒、酱油和白糖及适量清水烧开,用文火烧15分钟左右,转用大火收浓卤汁,淋入醋少许,盛入盘内即成。

干煎黄鱼

此菜外酥里嫩,香味四溢,诱人食欲。含有丰富的蛋白质、维生素A、维生素C和钙、磷、钾、碘等多种营养素。鱼肉蛋白质的氨基酸组成与猪肉类似,但鱼肉所含脂肪比猪肉低得多,故其生物价值较高。

【主料】 黄鱼 500 克,鸡蛋 50 克,猪肥膘肉、青蒜各 20 克,冬笋丁 35 克,香菇丁 10 克。

【辅料】 花生油 75 克,香油、精盐各 7 克,味精 3 克,料酒 10 克,面粉 35 克,葱、姜各 5 克,鲜汤(或水)适量。

【制法】 ①黄鱼去鳞、鳃、骨及刺,在鱼身两面剞"人"字形花刀,用部分精盐、葱、姜和料酒腌渍 10 分钟。 ②炒锅上火,放油烧至温热,把鱼两面粘上面粉,再拖一层鸡蛋液,放入煎至呈金黄色,盛入盘内,上笼蒸 10 分钟。 ③炒锅内留底油,上火烧热,下猪肥肉丁、冬笋丁、香菇丁,加余下的葱、姜、精盐和味精煸炒后,再加少量鲜汤(或水),将鱼放入烧 5 分钟,收汁后加入青蒜段,淋入香油即成。

干蒸鲤鱼

此菜鱼肉细嫩,味道鲜美,清香不腻。含有丰富的蛋白质、脂肪、钙、磷、铁和维生素 B_2、尼克酸等多种营养素。

【主料】 鲜鲤鱼 1 条(重约 500 克),冬菜、鸡蛋糕、水发玉兰片各 30 克,水发冬菇、火腿(或香肠)各 10 克。

【辅料】 熟鸡油 5 克,酱油 7 克,精盐 2 克,味精 1 克,料酒 10 克,白糖 7 克,鲜汤 50 克,葱丝、姜丝各 3 克。

【制法】 ①将鲤鱼去鳞及鳃,剖腹去内脏,洗净,放入开水锅内稍烫一下,刮去鱼身上的薄黑皮,揿干水分,用斜坡刀在鱼的两面每隔 2 厘米切一刀(切至鱼骨为度)。 ②将鱼尾提起,再放入开水锅内稍烫(使鱼肉刀口张开),揿干水分,用精盐和少许料酒腌渍片刻,放入盘内。玉兰片、鸡蛋糕、火腿分别切成长 4.5 厘米的丝。冬菇去蒂切丝。把以上 4 种丝和葱丝、姜丝按不同颜色,相间地摆在鱼上。冬菜用清水洗净,挤净水分。　③将鲜汤、酱油、白糖、余下的料酒、味精、冬菜、熟鸡油均放入小碗内,调匀成味汁,和鱼盘一同放在笼内用旺火蒸15分钟。取出鱼盘滗去水分,把同蒸的味汁均匀地浇在鱼上即成。

糖醋瓦块鱼

此菜色泽红亮,外焦里嫩,味道酸甜。含有丰富的优质蛋白质、矿物质和维生素。

【主料】　净鲤鱼肉350克,鸡蛋1个。

【辅料】　香油、料酒、蒜米各7.5克,番茄酱50克,白糖85克,醋35克,精盐1.5克,干淀粉40克,葱段、姜米、面粉各5克,花生油750克(约耗100克)。

【制法】　①将鲤鱼肉放在菜板上,片成瓦块状共8块,放入盘内,加入精盐、料酒抓匀腌渍5分钟。　②将鸡蛋磕入碗内,加入干淀粉30克及适量面粉搅拌成糊状,倒在盘内鱼块上。　③将白糖、醋、番茄酱、葱段、姜米、蒜米、干淀粉10克及清水50克放入碗内,调匀成糖醋汁。　④炒锅上火,放入花生油,烧至六七成热,将鱼块逐块放入炸至呈金黄色,转小火浸炸至熟,捞出沥油。　⑤炒锅内留油25克烧热,倒入调好的糖醋汁烧沸,倒入炸好的鱼块,再加入热油25克,翻炒几下,淋入香油,盛入盘内即成。

家常海参鱿鱼

此菜色泽红亮,海鲜味浓。海参、鱿鱼蛋白质含量极为丰富,为补养佳珍。

【主料】　水发海参150克，水发鱿鱼250克。

【辅料】　花生油50克，豆瓣辣酱25克，酱油10克，精盐2克，味精2克，料酒15克，葱段15克，姜片10克，水淀粉15克，鲜汤250克。

【制法】　①将海参、鱿鱼分别择洗干净，片成片，放入沸水锅内焯一下，捞出沥水。　②将炒锅置火上，放入花生油烧热，下入葱段、姜片炸出香味，放入豆瓣辣酱炒出红油，烹入料酒、酱油，加入鲜汤烧开，用漏勺把豆瓣辣酱渣、葱段、姜片捞去，放入海参片、鱿鱼片、精盐、味精烧开，用水淀粉勾芡，盛入盘内即成。

樱桃虾仁

此菜红白相映，形美色艳，咸鲜酸甜，诱人食欲。含有丰富的蛋白质、钙、磷、铁、锌和维生素E。

【主料】　鲜虾仁250克，罐头樱桃25克，鸡蛋清1个。

【辅料】　香油、料酒各5克，白糖40克，白醋10克，精盐3克，水淀粉50克，葱、姜、蒜各少许，花生油500克(约耗50克)。

【制法】　①将虾仁挑去沙肠，洗净，沥干水分，加入少许精盐、水淀粉和鸡蛋清抓匀上浆。　②将葱切丝。姜切末。蒜切片。取一个碗，倒入清水50克，加入余下的水淀粉、精盐和白糖、白醋对成调味汁。　③炒锅上火，放入花生油，烧至五成热，放入虾仁轻轻滑散，待颜色变白时，捞出沥油。④锅留底油置火上，放入葱丝、姜末、蒜片煸出香味，倒入调味汁炒浓，放入虾仁、樱桃，烹料酒，翻炒均匀，淋香油，盛入盘内即成。

孕产妇食谱

番茄鸡蛋卤面

此面色泽美观,鲜香可口。含有优质蛋白质、碳水化合物、胡萝卜素及维生素C。

【主料】 面条200克,西红柿150克,鸡蛋2个。

【辅料】 花生油50克,精盐3克,白糖3克,姜丝5克,鲜汤100克。

【制法】 ①将西红柿洗净,切成滚刀块。鸡蛋磕入碗内,搅打均匀,加少许精盐调一下,放入八成热的油锅内炒熟。②将炒锅置火上,放入花生油烧热,下入姜丝爆出香味,倒入西红柿,加入余下的精盐和白糖、鲜汤煮开,放入炒熟的鸡蛋,稍煮成卤。 ③将煮锅置火上,放入清水烧沸,下入面条煮开,加凉水少许,再煮开,捞入碗内,加入西红柿卤拌匀即成。

豆角锅贴

此锅贴饺面洁白筋道,饺底金黄脆香,馅心鲜香可口。富含蛋白质、维生素 B_1、尼克酸等多种营养素。

【主料】 面粉500克,猪肉200克,豆角500克。

【辅料】 花椒油20克,花生油10克,酱油20克,精盐8克,葱末10克,姜末5克,蒜末5克。

【制法】 ①将猪肉洗净,剁成泥,放入盆内,加入葱末、姜末、蒜末、酱油、精盐、花椒油拌匀。豆角择洗干净,放入开水锅内煮至八成熟,捞出沂干水分,剁碎与肉泥拌匀成馅。②将面粉放入盆内,加入温水250克和成面团,饧面20分钟,搓成长条,揪成60个剂子,逐个擀成圆皮,包入馅心,捏紧皮中间，留两端开口。③将平锅置火上，放入花生油少许烧热，码入锅贴，滴入少许花生油，加水适量，盖上锅盖焖7分钟，再滴入余下的花生油，煎至熟，铲入盘内即成。

肉丁豌豆米饭

此饭白绿相间，色泽美观，咸香可口。富含蛋白质、脂肪、碳水化合物、钙、磷、铁、锌及维生素 B_1、维生素 B_2 等多种营养素。肉丁豌豆饭有滋阴润燥、和中生津、通乳消胀等作用，故适合于孕妇及乳母食用。豌豆中含磷较多，对胎儿发育很有益。

【主料】 粳米 250 克，鲜嫩豌豆 150 克，咸猪肉丁 75 克。

【辅料】 熟猪油 25 克，精盐适量。

【制法】 ①将锅置旺火上，放入熟猪油烧热，下入咸肉丁翻炒几下，倒入豌豆煸炒1分钟，加入精盐和水（以漫过大米二指为度），加盖煮开后，倒入淘洗好的大米，用锅铲沿锅边轻轻搅动。此时锅中的水被大米吸收而逐渐减少，搅动的速度要随之加快，同时火力要适当减小，待米与水融合时把饭摊平，用粗竹筷在饭中扎几个孔，便于蒸气上升，以防米饭夹生，再盖上锅盖焖煮至锅中蒸气急速外冒时，转用文火继续焖15分钟左右即成。

鸡肉卤饭

此饭香软油润，鲜香可口，营养丰富。含有丰富的蛋白质、脂肪、碳水化合物及钙、磷、铁、锌等矿物质和多种维生素。

【主料】 粳米饭 250 克，净鸡肉 50 克，青豌豆荚 100 克，半个鸡蛋的蛋清，香菇25克，冬笋半个。

【辅料】 熟猪油50克，水淀粉、酱油各10克，精盐、味精各2克，葱6克，鲜汤适量。

【制法】 ①香菇用热水泡发，洗净，切成小丁。葱剥洗干净，切末。冬笋剥去外壳，切成小丁。青豌豆去壳。 ②鸡肉切成小丁放碗内，加少许水淀粉和鸡蛋清，抓匀上浆。 ③炒锅上火，放入熟猪油烧热，下浆好的鸡丁，炒熟盛出。 ④随即将葱末放入锅内，炒出香味，下冬笋丁、香菇丁、青豌豆和大部分精盐，炒几分钟，倒入粳米饭，翻炒几下，再倒入炒好的鸡丁和酱油炒透，盛入盘内。 ⑤炒锅置火上，放入鲜汤和少许精盐，烧开后用余下的水淀粉勾芡，放味精，浇在炒好的饭上即成。

鲤鱼白菜粥

此粥鲜美可口，营养丰富。含有丰富的蛋白质、碳水化合物、维生素C等多种营养素。适用于妊娠水肿的辅助治疗，连食3~5天为宜。熬制此粥除用白菜外，还可用萝卜、冬瓜，其他用料不变。

【主料】 鲤鱼1条（重约500克），白菜500克，粳米100克。

【辅料】 精盐、味精、料酒、葱末、姜末各适量。

【制法】 ①将鲤鱼去鳞、鳃及内脏，洗净。白菜择洗干净，切丝。 ②锅置火上，加水烧开，放入鲤鱼，加葱末、姜末、料酒、精盐，煮至极烂后，用汤筛过滤去刺，倒入淘洗干净的粳米和白菜丝，再加入适量清水，转小火慢慢煮至粳米开花、白菜烂糯，加入味精即成。

四、产褥期食谱

妇女产褥期,一般为从分娩至产后6~8周。

产妇因在分娩过程中出血和极度的体力消耗,体内热量消耗很大,身体变得异常虚弱,同时产后还要承担起给新生儿哺乳的重任,如果产后不及时地补充足够的高质量的营养,就会影响产妇的身体健康,并影响孩子的发育。

产后第一天应吃稀软食物,多喝汤水。从第二天开始,可食用正常膳食,但要少食多餐。

产妇的膳食要科学安排。饮食不要过于油腻,以免影响食欲。食物种类要丰富,经常变换花样,使产妇吃得舒心、可口。饭菜要做得细软一些,以便于消化吸收。应多食用鸡、猪肉、排骨和鱼类煮的汤,以促进乳汁分泌。产妇食用花生加各种肉类煮成的汤,鲜鲤鱼与大米煮的粥,花生与大米熬的粥等,均有一定的催乳作用。产后饭量应比妊娠期间增加一些,一般以增加1/3左右为宜。要注意不可大量地摄取糖类,否则不仅容易发胖,而且会影响食欲,减少饭量,有时还会造成营养不良。产后不要吃刺激性强的食物,如葱、辣椒等。如果有条件,最好每日喝500克牛奶,这样既可以促进产妇身体的恢复,还可增加奶水,使婴儿吃饱吃好。

孕期患有贫血的产妇,更应注意多摄取含铁量较高的食物。此外,产妇还应多吃富含粗纤维、维生素的蔬菜和水果,以预防便秘的发生。

总之,为补充产妇身体消耗,使乳汁充足,产褥期应增加各种营养的摄取,但要结合产妇具体情况,科学、合理地进膳,而且不要吃得过多,否则,会增加肝脏和肾脏的负担,于身体无益。

佛手白菜

此菜形如佛手,软烂香美,用料多样,营养丰富。含有丰富的蛋白质、脂肪、钙、磷、铁和多种维生素,适宜乳母食用。

【主料】 白菜 150 克,猪肥瘦肉馅 100 克,过油虾仁、水发玉兰片各 25 克,菠菜叶 50 克,水发香菇 2 朵。

【辅料】 熟猪油 25 克,香油、料酒、姜汁、酱油各 5 克,精盐 4 克,味精 2 克,葱、姜各 3 克,鲜汤 75 克,水淀粉 50 克。

【制法】 ①将白菜切成 4.5 厘米长的段。剥下 12 片帮叶,每片从带叶一头顺切 4 刀,切进 2.5 厘米长的刀口。葱、姜均切末。 ②将肉馅放入碗内,加少许精盐、味精和酱油,搅拌上劲,加少许清水,再加水淀粉 25 克,搅拌均匀,放少许葱末、姜末,把香油浇在葱末上,搅匀备用。玉兰片切成 1.5 厘米长、火柴棍粗细的丝。香菇切丝。菠菜取嫩叶 8 片,洗净。 ③将玉兰片丝、香菇丝用开水烫一遍,沥干水分,放入调好的肉馅内,再放入虾仁,拌匀。 ④将 12 片菜叶背面向下铺在案板上,把和好的肉馅均匀地摊在 12 片白菜叶上,卷成佛手形。把 8 片菠菜叶平铺在盘内,将卷好的佛手码在菠菜叶上 (码成 3 行,每行 4 个),浇上姜汁和少许料酒,上屉蒸熟取出,滗去汤水。 ⑤炒锅上火,放入熟猪油烧热,下余下的葱末、姜末炝锅,烹入余下的料酒,加鲜汤和余下的精盐、味精,开锅后用余下的水淀粉勾薄芡,浇在盘内佛手白菜上即成。

翠湖春晓

此菜色泽翠绿泛黄,咸鲜软嫩。含有丰富的维生素A、维生素C和钙、铁、锌、胡萝卜素、蛋白质。莴笋味甘苦、性凉,有清热、利尿、通乳等功效,可用于小便赤热短少、尿血、乳汁不通等症的辅助治疗。

【主料】 莴笋200克,猪瘦肉25克,鸡蛋1个,鲜汤150克。

【辅料】 花生油200克(约耗50克),精盐、味精、料酒、水淀粉各少许,葱段10克,姜片5克。

【制法】 ①将莴笋去叶、削皮,用清水洗净。鸡蛋磕开,蛋清、蛋黄分别放入两个小碗内。猪瘦肉切成米粒状,放入碗内,加鸡蛋清和少许精盐、味精、水淀粉,拌匀上浆。莴笋也切成米粒状。 ②锅置火上,放入清水烧沸,下莴笋粒焯熟,捞出沥水,用清水漂凉。 ③炒锅上火,放入花生油,烧至二成热,下肉粒滑熟,倒入漏勺沥油。锅内留底油,放入葱段、姜片煸香,下莴笋粒、肉粒、料酒、鲜汤烧开,加余下的精盐、味精调味,捞去姜、葱不要,用余下的水淀粉勾薄芡,泼入蛋黄液,盛入盘内即成。

糖醋卷心菜

此菜清淡素雅,酸甜适口。卷心菜含钙、磷、铁、维生素C,还含有维生素U,对胃病患者胃部有良好的保护作用,能开胃助消化、增进食欲。

【主料】 卷心菜250克。

【辅料】 花生油 15 克,白糖 20 克,醋、酱油各 10 克,精盐 3 克,花椒 5 粒。

【制法】 ①将卷心菜择洗干净,切成小块。 ②炒锅上火,放入花生油烧热,下花椒炸出香味,倒入卷心菜,煸炒至半熟,加酱油、白糖、醋、精盐,急炒几下,盛入盘内即成。

蜜饯萝卜

此菜香甜适口,含有葡萄糖、蔗糖、果糖、多种氨基酸、钙、磷、维生素 C 等营养素。白萝卜有抗菌作用,其汁能防胆结石形成。产妇常食,对饮食不消、腹胀、反胃等症状有辅助疗效。

【主料】 鲜白萝卜 500 克。

【辅料】 蜂蜜 150 克。

【制法】 ①将白萝卜洗净,削去头、尾,切丁,放入沸水锅内煮沸即捞出,沥干水分,晾晒半日。 ②将白萝卜丁放入铝锅内,加入蜂蜜,用小火煮沸,调匀后离火,晾凉装瓶。随意服食,饭后食用,效果尤佳。

油焖茭白

此菜色泽明亮,味鲜汁浓。含有丰富的蛋白质、脂肪、碳水化合物、钙、磷、铁、维生素 B_1、维生素 B_2、维生素 C、尼克酸等多种营养素。茭白有养血下乳、清热利尿及退黄的功效,适宜产妇食用。

【主料】 净茭白 300 克。

【辅料】 香油 10 克,精盐 3 克,白糖 10 克,味精 2 克,酱油15克，花生油500克（约耗50克）。

【制法】 ①将茭白切成4.5厘米长、0.5厘米见方的条。②炒锅上旺火，加入花生油，烧至六成热，下茭白炸约1分钟，捞出沥油。 ③炒锅留底油置火上，放入茭白，加酱油、精盐、白糖、味精和少许清水，再烧1~2分钟，淋入香油，起锅装盘即成。

鲜蘑炒豌豆

此菜白绿相间，赏心悦目，清鲜味美。口蘑含蛋白质、脂肪、碳水化合物、多种氨基酸和多种微量元素及维生素。豌豆含蛋白质、脂肪、碳水化合物、钙、磷、铁和维生素B_1、维生素B_2。能消除产妇因油腻引起的口味不佳，并有通乳功效。

【主料】 鲜口蘑100克，鲜嫩豌豆荚200克。

【辅料】 花生油15克，酱油15克，精盐3克。

【制法】 ①将豌豆去荚。鲜蘑洗净切丁。 ②炒锅上火，放入花生油烧热，下鲜蘑丁、豌豆煸炒几下，加酱油、精盐，用旺火快炒，炒熟即成。

糖醋莲藕

此菜脆嫩爽口，酸甜适中。含有丰富的碳水化合物、维生素C及钙、磷、铁等多种营养素。莲藕味甘、性平，是传统止血佳品，有止血、止泻功效。

【主料】 莲藕500克。

【辅料】 花生油30克，香油、料酒各5克，白糖35克，米醋10克，精盐1克，花椒10粒，葱花少许。

【制法】 ①将莲藕去结、削皮,粗节一剖两半,切成薄片,用清水漂洗干净,捞出沥水。 ②炒锅置火上,放入花生油,烧至七成热,投入花椒,炸香后捞出,再下葱花略煸,倒入藕片翻炒,加入料酒、精盐、白糖、米醋,继续翻炒,待藕片成熟,淋入香油即成。

芙蓉雪藕

此菜用勺舀食,脆嫩相间,别具风味。含有丰富的优质蛋白质、碳水化合物、多种维生素及矿物质。易于消化,清热滋补,生津开胃。

【主料】 莲藕100克,黄瓜30克,鸡蛋2个。
【辅料】 香油5克,精盐3克,水淀粉5克。
【制法】 ①将莲藕洗净,去皮,切成薄片,放入沸水锅内焯一下,捞出用冷水过凉。黄瓜洗净,切成薄片。 ②将鸡蛋磕开,把鸡蛋清放入碗内(蛋黄留作它用),加入少许精盐、水,搅匀后蒸4分钟,用汤勺舀在汤盘中即成"芙蓉"。 ③将炒锅置火上,加入适量开水,放入藕片、黄瓜片、精盐,用水淀粉勾薄芡,淋入香油,浇在盘中"芙蓉"上即成。

火腿冬瓜汤

此汤汤鲜味美,清淡爽口。含有优质蛋白质、脂肪、维生素C和钙、磷、钾、锌等微量元素,对产妇小便不畅、小腹水胀、乳汁不下等症有辅助疗效。

【主料】 火腿肉50克,冬瓜250克,火腿皮100克。
【辅料】 花生油、精盐、味精、葱花各适量。

【制法】 ①将冬瓜去皮及瓤,洗净,切成0.5厘米厚的片。火腿肉切成片。 ②炒锅置火上,放油烧热,下葱花炸香,放入火腿皮及适量清水,沸后撇去浮沫,焖煮30分钟后下冬瓜片,煮至酥软,加火腿片、精盐,继续煮3~5分钟,放味精,盛入汤碗内即成。

海米紫菜蛋汤

此汤色泽美观,汤味清鲜,味美可口。含有丰富的碘、钾、钙、磷、铁和蛋白质、维生素A、维生素C等多种营养素。

【主料】 紫菜、海米、香菜各10克,鸡蛋1个。
【辅料】 花生油、精盐、葱各少许。
【制法】 ①将海米用开水泡软。鸡蛋磕入碗内搅匀。香菜择洗干净,切成小段。葱切成葱花。紫菜撕碎,放入汤碗内。 ②炒锅上火,放油烧热,下葱花炝锅,加入适量清水和海米,用小火煮片刻,放精盐,淋入鸡蛋液,放香菜,冲入汤碗内即成。

豆腐皮蛋汤

此汤滋味鲜美,营养丰富。含有蛋白质、钙、磷、铁、锌和维生素A、维生素B_1、维生素B_2、维生素D、维生素E等多种营养素,是产妇的滋补汤菜。

【主料】 鹌鹑蛋8个,豆腐皮2张,火腿肉25克,水发冬菇5个。
【辅料】 熟猪油、精盐、味精、料酒、葱末、姜末各适量。

【制法】 ①将豆腐皮撕碎,洒上少许温水润湿。鹌鹑蛋磕入碗内,加少许精盐搅打均匀。火腿肉切末。冬菇切丝。②炒锅上火,放入熟猪油烧热,下葱花、姜末炝锅,倒入蛋液翻炒至凝结,加水煮沸,放冬菇丝、余下的精盐、味精、料酒,再煮15分钟,推入豆腐皮,撒上火腿末即成。

果菜汁

此汁酸甜适口,清香味美。富含维生素 C、维生素 B_{12} 及钙、磷、铁等多种营养素。胎儿、婴儿生长速度快,孕产妇负担重,她们除防缺铁性贫血外,还应多吸收一些维生素 B_{12} 和叶酸,以防巨噬细胞性贫血。若是怕凉,可稍微加加温。

【主料】 水蜜桃80克,苹果120克,柠檬25克,油菜30克,小白菜30克。

【制法】 ①将水蜜桃去皮、去核。苹果去皮、去核。油菜、小白菜均洗净。把上述各料用电动榨汁器榨取汁液。 ②将上述汁液加入蜂蜜、挤出的柠檬汁混合调匀即成。

炸苹果片

此菜色泽金黄,香甜适口,果味浓郁。富含维生素 C、钾、碳水化合物等多种营养素。具有补心益气、健脾胃、恢复疲劳之功,产妇可以适当多吃。

【主料】 苹果2个(重约200克),鸡蛋清2个,面粉60克,花生油500克(约耗50克)。

【辅料】 白糖20克。

【制法】 ①将苹果洗净,去皮,切成0.3厘米厚的片。

孕产妇食谱

鸡蛋清加入面粉30克及少许水调成蛋清糊。②将炒锅置火上，放入花生油，烧至五成热，把苹果片两面粘上余下的面粉，拖一层蛋清糊，下入油内炸成金黄色，捞出沥油，放入盘内，撒上白糖即成。

荔枝红枣汤

荔枝味甘、性温，有补脾益肝、悦色、生血养心的功效。红枣味甘、性温，能安中益气。二者同煮成汤，相辅相成。每日食一次，连食数日，有补血作用。

【主料】 荔枝(丹荔)干7个，红枣7个。

【辅料】 红糖适量。

【制法】 将荔枝去壳，与红枣一起放入小锅内，加水上火，焖煮成汤，再加红糖稍煮即成，饮汤食果。

橘酪银耳羹

此羹香甜适口，滑爽开胃。含有丰富的蛋白质、脂肪、碳水化合物、钙、磷、铁、胡萝卜素和维生素 B_1、维生素 B_2、维生素C及尼克酸等多种营养素，具有滋养肺胃、生津润燥、理气开胃、化痰止咳的功效。产妇食用既有补益作用，还可开胃、促进食欲，对呕逆食呆有辅助疗效。

【主料】 干银耳10克，橘瓣100克。

【辅料】 冰糖150克。

【制法】 ①将银耳放入碗内，加清水浸泡，涨发后去掉黄根及杂质，洗净。②锅置火上，放入清水150克，下银耳，烧开后转小火，盖严锅盖，煮至银耳软烂，加冰糖、橘瓣，熬煮成羹状，盛入碗内即成。

花生奶酪

此奶酪色泽洁白，味道甜香。含有丰富的维生素A、蛋白质、脂肪、碳水化合物和核黄素、钙、磷、卵磷脂、胆碱、不饱和脂肪酸、蛋氨酸等多种营养素。花生营养丰富，并有一定的医疗价值。其味甘香，能健脾开胃、助消化吸收，对营养不良、脾胃失调、咳嗽痰喘、乳汁缺乏等症均有辅助疗效。

【主料】 花生米150克，鲜牛奶250克。

【辅料】 白糖50克，玉米淀粉、花生油各适量。

【制法】 ①将花生米用沸水烫后去皮，用温油炸至酥脆，捣成碎末，盛入碗内，用清水少许调成糊状。 ②锅置火上，倒入牛奶烧开。玉米淀粉放碗内，加入适量清水，调成水淀粉。 ③另起锅上火，先倒入牛奶，再倒入花生糊，用微火烧开，加白糖，用水淀粉勾芡，烧开后盛入汤碗内即成。

肉馅豆腐丸子

此菜丸子松软，汤清味鲜。富含蛋白质、脂肪、维生素C、钙、磷、锌、铁等。豆腐味甘、性凉。具有益气和中、生津润燥、清热解毒、催乳等作用，适于产妇食用。

【主料】 猪瘦肉馅100克，豆腐40克，青菜100克，鸡蛋1个。

【辅料】 香油5克，酱油5克，精盐2克，水淀粉5克，葱末3克，姜末2克。

【制法】 ①将豆腐捣碎，放入碗内，磕入鸡蛋，加入肉馅、葱末、姜末、酱油、水淀粉及少许精盐、水搅拌成稠糊状。青菜择洗干净,切成细丝。 ②将炒锅置火上,放入清水烧沸,把豆腐肉糊挤成丸子放入锅内,待丸子浮起已熟,放入青菜丝,加入余下的精盐调味,淋入香油,盛入碗内即成。

枣 核 肉

此菜色泽红亮,甜酸适口。富含钙、磷、铁、蛋白质、碳水化合物及维生素 B_1、维生素 B_2 等多种营养素。有开胃进食的功效。对于"月子里"母体有补而不滞胃的作用。

【主料】 净猪肉 150 克,红枣 300 克,鸡蛋清 1 个。

【辅料】 白糖 50 克,醋 25 克,酱油 5 克,精盐 1 克,干淀粉 10 克,水淀粉 10 克,花生油 500 克(约耗 40 克)。

【制法】 ①将猪肉剁成泥,放入碗内,加入精盐、鸡蛋清拌匀成馅。 ②将红枣放入碗内,用清水浸泡,待涨发后洗净,剖开去核,在内部撒干淀粉,把肉馅分别装入枣内,合拢口,口朝下分别放入盘中,如法逐一做完,并在枣上撒匀干淀粉备用。 ③将炒锅置火上,放入花生油,烧至六成热,把枣肉散放油锅内,约炸 2 分钟左右。见枣皮收缩肉透时捞出,放在盘内。 ④将原锅倒去油置火上,放入开水 150 克,加入酱油、白糖、醋,用水淀粉勾芡,淋入熟油少许,浇在枣肉上即成。

番茄酿肉

此菜形色美观,鲜美适口。含有丰富的锌、维生素 A 原、维生素 B_1、维生素 B_2、尼克酸、维生素 C、蛋白质、脂肪、碳水化合物等营养素,具有滋阴养血、健脾益气、强心安神、温中润便等功效。此菜锌的含量较高,产妇常食对预防小儿缺锌很有好处。

【主料】 西红柿200克,猪肉、绿叶蔬菜各100克。

【辅料】 花生油10克,精盐6克,干淀粉20克,葱花10克,姜汁6克。

【制法】 ①将西红柿洗净,挖去蒂、子和心(留下备用)。②将猪肉剁成末,加葱花、姜汁、适量干淀粉、精盐和水搅匀成馅,装入番茄内,上笼蒸10分钟取出。余下的干淀粉对适量水成水淀粉。 ③绿叶蔬菜洗净,切成段。锅内放油烧热,下绿叶蔬菜翻炒,加挖出的西红柿子和心,用水淀粉勾芡,盛入盘底铺平,将蒸好的酿番茄放在上面即成。

排 骨 汤

此菜排骨咸香,萝卜酥烂,汤清味鲜。富含蛋白质、脂肪、钙、磷、铁、维生素B_1、维生素B_2、维生素C等多种营养素。具有下乳催奶、促进乳汁分泌、促进母体恢复的功效。还可促进婴幼儿骨质发育,预防佝偻病及软骨病。

【主料】 猪小排骨250克,白萝卜100克。

【辅料】 精盐5克,味精2克,醋2克,葱段10克,姜片5克。

【制法】 ①将排骨洗净,顺骨缝切开,剁成4厘米长的段。白萝卜去皮,切成2.7厘米长的滚刀块。 ②将锅置火上,放入清水1000克烧开,下入排骨煮开,撇去浮沫,下入葱段、姜片、醋烧开,下入萝卜块,倒入沙锅内,盖上盖,转用小火焖2小时左右,待排骨肉熟烂离骨,加入精盐、味精,拣去葱、姜，连沙锅上桌食用。

猪爪黄豆汤

此菜猪爪酥烂，汤味鲜美。富含蛋白质、钙、磷、铁、锌、维生素 A、维生素 B_1、维生素 B_2、尼克酸等多种营养素。对于母体康复有极好的促进作用，可使母乳源源不断。

【主料】 猪脚爪 2 只（重约 300 克），黄豆 100 克。

【辅料】 精盐 5 克，味精 3 克，料酒 5 克，葱 10 克，姜 5 克。

【制法】 ①将猪脚爪刮洗干净，每只脚爪剁成 4 块，放入锅内，加水煮开，捞出用清水洗净。葱一半切段，一半切末。姜切片。 ②将黄豆拣去杂质，用冷水浸泡膨胀，淘洗干净，放入沙锅内，加入清水 1000 克，盖好盖，用小火煮熟，放入猪脚爪烧开，撇去浮沫，加入葱段、姜片、料酒，转用文火炖至黄豆、脚爪均已酥烂，加入精盐用旺火再烧 5 分钟，拣去葱段、姜片，加入味精，撒上葱末即成。

猪 蹄 汤

此汤色泽明亮，鲜味诱人。含有丰富的优质蛋白质、脂肪、钙、磷、铁、锌等矿物质和多种维生素，是产妇下奶佳品。

【主料】 猪蹄、猪排骨、鸡骨架共 750 克，白菜适量，海米少许。

【辅料】 精盐、味精、料酒、葱、姜、花椒各少许。

【制法】 ①将猪蹄、猪排骨、鸡骨架用温水洗净，放入锅内，加水烧开，撇去浮沫，放入葱、姜、花椒、料酒，用急火连续煮2~3小时，直至汤汁呈乳白色、浓香扑鼻时，捞去骨头、葱、姜及花椒。 ②将浸泡好的海米放入汤锅内，把白菜切成小块，也放入锅内，用旺火稍煮，加精盐、味精，搅匀即成。

猪肝菠菜汤

此汤肝嫩菜鲜，清淡爽口。菠菜富含铁质，有较好的生血止血作用；猪肝能补肝养血。两者同用，对各种贫血症有较好的滋补食疗作用。汤中含有丰富的优质蛋白质、钙、胡萝卜素、维生素A、核黄素、尼克酸和维生素C，最宜产妇食用。

【主料】 猪肝、菠菜各100克，鲜汤750克。

【辅料】 香油5克，精盐、味精各适量。

【制法】 ①将猪肝切成小薄片。菠菜择洗干净切成2厘米长的段。 ②锅置火上，放入鲜汤，烧开后倒入猪肝、菠菜，加精盐、味精，待汤再开后，把猪肝、菠菜捞入碗内，撇净汤内浮沫，淋入香油，盛入碗内即成。

羊肉冬瓜汤

此菜汤汁清淡，口味鲜美。富含蛋白质、脂肪、钙、磷、铁、锌、维生素C等营养素。羊肉味甘、性热，可补精血、益虚劳，是冬令滋补佳品，对于产妇体虚、多汗、缺乳尤为适宜。

【主料】 羊瘦肉50克，冬瓜250克。

【辅料】 香油6克，酱油、精盐各3克，味精2克，葱、姜各2.5克，花生油15克。

【制法】 ①将羊肉切成薄片，用酱油、精盐、味精、葱、姜拌好。冬瓜去皮洗净，切成片。 ②炒锅上火，放入花生油烧热，下冬瓜片略炒，加适量清水，加盖烧开，再放入拌好的羊肉片，煮熟，淋入香油即成。

老母鸡汤

此菜肉烂汤浓，味鲜可口。含有高质量的蛋白质、脂肪和钙质，能促进乳汁分泌，最适宜产妇食用。因汤的营养价值不如肉高，故要连肉一起吃。

【主料】 白条老母鸡1只（重约1500克），猪排骨2块。

【辅料】 葱段、姜片、料酒、精盐、味精各适量。

【制法】 ①将老母鸡和排骨均洗干净，分别放入沸水锅内焯一下捞出，再用水洗净。 ②将鸡和排骨放入锅内，加宽水，下葱段、姜片、料酒、精盐，上火烧开后，用小火焖煮约3小时（以水不沸腾为宜，使鸡肉和排骨中的蛋白质、脂肪等营养物质充分溶入汤中），直至鸡肉脱骨，加入味精，即可食用。

栗子鸡块

此菜色泽金黄，咸中带甜。含有丰富的蛋白质、脂肪、碳水化合物和钙、磷、铁、锌、维生素B_1、维生素B_2、尼克酸、维生素C等多种营养素。栗子具有养胃健脾、补肾强筋、活血止血等作用，与具有生精养血、滋养五脏的鸡相配，补而不腻，还能通过栗子的活血止血效用,促进恶露排除及子宫复原。

【主料】　光仔鸡1只（重约700克），栗子350克。

【辅料】　酱油30克，精盐4克，味精2克，料酒25克，葱、姜各15克，水淀粉10克，花生油500克（约耗50克），熟油、白糖各少许。

【制法】　①将光鸡去内脏洗净，剁成5厘米大小的方块，加酱油少许拌匀。栗子用刀切去一边，放入开水锅内煮熟，剥去外壳及皮。葱切段。姜切块，拍松。　②炒锅上火，放入花生油，烧至七成热，下鸡块炸至呈金黄色捞出。再将栗子入锅炸一下，捞出备用。　③炒锅留油40克，上火烧热，下葱段、姜片炸出香味，放入鸡块，加料酒、酱油、白糖、精盐和适量清水烧沸，转小火把鸡块焖至七成熟时，放入栗子烧煮，至鸡块、栗子酥烂，转旺火收汁，将鸡块取出装入盘内，栗子围在鸡块周围，锅中卤汁用水淀粉勾芡，放味精，淋少许熟油，浇在鸡块上即成。

龙眼鸡翅

此菜色泽金黄，鸡翅酥香，软烂适口。含有丰富的蛋白质、脂肪、碳水化合物、钙、磷、铁、锌、维生素A、维生素B_1、维生素B_2、尼克酸、维生素C等多种营养素。能养血益气、壮筋健骨、补养脏腑，对产后气血虚弱有良好的补益作用。

【主料】　肉鸡翅膀12只，龙眼200克。

【辅料】　花生油500克（约耗75克），红葡萄酒100克，白糖20克，酱油10克，精盐4克，味精2克，水淀粉10克，糖色少许，净葱15克。

【制法】　①将鸡翅膀去残毛洗净，用酱油和少许精盐腌渍。龙眼去皮，去核。葱剖开后切段。　②炒锅上火，放油烧热,下鸡翅炸至呈金黄色捞出。锅内留油少许,置火上烧热,放入 10 克葱,煸出香味,加入清水 1000 克和红葡萄酒及鸡翅,放余下的精盐和白糖、味精、糖色,调好色味,将鸡翅烧至熟透、脱骨,整齐地码入盘中。 ③龙眼用汤烧熟,围在鸡翅周围。将余下的葱用油煸出香味,把烧鸡翅的汤汁滤入,用水淀粉勾芡,浇在鸡翅上即成。

炉鸭丝烹掐菜

此菜色泽鲜亮,清脆爽口,营养丰富,含有较多的蛋白质、脂肪、钙、磷、铁、尼克酸等多种营养素,尤其是铁的含量丰富,是孕产妇补充铁的良好来源。

【主料】 烤鸭脯肉 200 克,绿豆芽 300 克。

【辅料】 香油 25 克,精盐 5 克,味精、醋、姜末各 2 克,花椒 1 克。

【制法】 ①将烤鸭肉切成丝。绿豆芽掐去根部。 ②炒锅上火,放香油烧热,下入花椒炸煳后捞出,再下姜末稍煸,放鸭丝、豆芽,烹醋,加精盐、味精,快速翻炒,至豆芽无生味时,盛入盘内即成。

菠菜鱼片汤

此汤色泽美观,清淡爽口。含有丰富的蛋白质、脂肪、钙、磷、铁、锌、维生素 B_1、维生素 B_2、维生素 E、维生素 C 等多种营养素,有增乳、通乳之功效。

【主料】 净鱼肉 100 克,菠菜 50 克,熟火腿 15 克。

【辅料】 熟猪油 30 克,精盐 3 克,味精 2 克,料酒 3 克,葱、姜各适量。

【制法】 ①将净鱼肉切成0.5厘米厚的薄片，加精盐、料酒腌渍30分钟。菠菜择洗干净，切成2.5厘米长的段。火腿切末。葱切段。姜切片。 ②炒锅上火，放入熟猪油，烧至五成热，下葱段、姜片爆香，放鱼片略煎，加水煮沸，用小火焖20分钟，投入菠菜段，调好味，撒入火腿末，放味精，盛入汤碗内即成。

奶汤鲫鱼

此菜色泽洁白，鱼肉腴美，汤如奶浆，甜润爽口。含有丰富的蛋白质、钙、磷、铁、尼克酸、维生素C、维生素E等多种营养素。鲫鱼富含蛋白质，而脂肪含量低，乳母哺乳期常吃鲫鱼，能催乳下乳，及时补充婴儿所需的营养素，而母乳脂肪含量却不会偏高，不会导致婴儿腹泻。

【主料】 鲫鱼2条(重约400克)，净冬瓜200克，冬笋、香菇各15克，豌豆苗50克，海米5克。

【辅料】 熟猪油25克，精盐8克，味精3克，料酒、姜片各10克，葱段15克。

【制法】 ①将鲫鱼去鳞、去鳃，剖腹去内脏，在鱼身两侧剞上刀纹。冬笋、香菇、冬瓜分别切成薄片。海米、豌豆苗均洗净。 ②炒锅置旺火上，放入熟猪油烧热，下姜片稍炸，将鱼放入，两面略煎，放入葱段、料酒及清水1000克，煮沸后转中火烧至鱼眼凸出，下冬笋片、香菇片、冬瓜片、海米、豌豆苗，加精盐、味精，转旺火烧沸，捞去葱段、姜片，盛入汤碗内即成。

注：如没有冬瓜，在汤烧好后，放些白菜，稍煮即可。

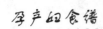

白斩鲤鱼

用此法做成的鲤鱼鲜嫩适口，清淡不腻。含有丰富的蛋白质、脂肪、碳水化合物和钙、磷、铁、锌、核黄素、尼克酸等多种营养素。对产妇乳汁不下有显著疗效。

【主料】 活鲤鱼500克。

【辅料】 香油20克，酱油8克，味精3克，料酒7克，五香粉3克，姜17克，鲜汤50克。

【制法】 ①将鲤鱼去鳞、鳃及鳍，剖腹去内脏，洗净。姜切丝。 ②炒锅上火，加水烧沸，把鱼放入，煮熟捞出放鱼盘内。 ③炒锅置火上，放入香油烧热，下姜丝略煸，烹料酒，加酱油、味精、五香粉、鲜汤，烧开后浇在鱼上即成。

砕烧鲤鱼

此菜色泽美观，鲜香浓郁。富含优质蛋白质、钙、磷、铁、锌及多种维生素。

【主料】 鲤鱼1尾（重约500克），鲜笋尖50克，油菜心50克，香菜10克。

【辅料】 香油3克，酱油30克，精盐2克，料酒10克，醋10克，白糖15克，水淀粉5克，葱末、姜末、蒜末各适量，花生油500克（约耗60克）。

【制法】 ①将鲤鱼收拾干净，把鱼身片成两扇，每扇用斜刀切成三角形的块共3块，用酱油少许拌匀。鲜笋尖切片。油菜心切段（小棵不切）。香菜洗净切段备用。 ②将炒锅置火上烧热，放入花生油，烧至八成热，下入鱼块，炸至色红时捞出。 ③原锅留油20克，下入葱末、姜末、蒜末炝锅，下入笋片、油菜心煸炒，加入余下的酱油和白糖、醋、精盐、料酒及适量水，放入炸好的鱼块。汤开后，加盖，转用小火焖15分钟左右，把鱼块捞出，摆成鱼形，再把原汁烧开，用水淀粉勾芡，淋入香油，浇在鱼身上，撒上香菜段即成。

清炒虾仁

此菜清鲜淡雅，味美适口。含有丰富的优质蛋白质、脂肪、碳水化合物、钙、磷和维生素A、维生素E、维生素C、胡萝卜素等营养素。

【主料】 青虾仁400克，鸡蛋清2个，黄瓜、胡萝卜、冬笋各50克。

【辅料】 香油25克，精盐5克，味精3克，料酒10克，醋2克，干淀粉10克，葱末、姜末各5克，花生油500克(约耗50克)。

【制法】 ①将虾仁洗净，放入碗内，加精盐、干淀粉、鸡蛋清，拌匀上浆。 ②将黄瓜洗净，从中劈开，去子。冬笋洗净。胡萝卜去皮洗净。将上述三种原料均切成菱形片，并将胡萝卜片放入沸水锅内稍焯一下。 ③炒锅上火，放入花生油，烧至五六成热，下虾仁滑透捞出，再下冬笋片、胡萝卜片稍炸捞出。 ④净炒锅置火上，放香油烧热，下葱末、姜末稍炒，倒入虾仁及其他配料、调料，翻炒均匀，盛入盘内即成。

烩海参鲜蘑

此菜汁宽味厚，滑润爽口。含有丰富的蛋白质(干海参的蛋白质含量高达75%以上，为一般食物所不及）和碳水化合物、矿物质、维生素等多种营养素，是补充蛋白质的良好来源。适宜妇女产褥期食用。

【主料】 水发海参150克，罐头鲜蘑100克，玉兰片50克，青豆25克。

【辅料】 熟猪油50克，香油、酱油各5克，精盐3克，味精2克，料酒8克，水淀粉10克，葱5克，姜3克。

【制法】 ①将海参洗净，切成0.6厘米见方的丁。玉兰片洗净，去根切丁。鲜蘑一剖两半。葱切豆瓣形。姜切末。青豆洗净。 ②将海参、鲜蘑、玉兰片、青豆放入沸水锅内氽透捞出。 ③炒锅上火，放入熟猪油，烧至五成热，下葱、姜炝锅，烹料酒，加酱油、鲜蘑原汁及少许清水，沸后撇去浮沫，放入海参、青豆、鲜蘑、玉兰片，再放精盐、味精，烧沸后用水淀粉勾芡，淋入香油，盛入汤盘内即成。

鸡丝馄饨

此馄饨色泽美观，汤鲜味醇，馄饨软滑，馅心鲜香。富含蛋白质、碳水化合物、钙、磷、铁、尼克酸、维生素B_1、维生素B_2等多种营养素。对于产妇甚为有益。

【主料】 面粉250克，猪瘦肉125克，熟鸡肉丝25克，摊鸡蛋皮15克，紫菜15克，青蒜苗末25克，干淀粉25克，鲜汤1250克。

【辅料】 香油15克，酱油25克，精盐5克，葱末5克，姜末3克。

【制法】 ①将面粉放入盆内，加入清水125克和成面团，用干淀粉作扑面，擀成薄面片，折叠后切成梯形馄饨皮，共出

75张。 ②将猪肉切碎，剁成泥，放入碗内，加入葱末、姜末、酱油、精盐少许、香油及少许水搅匀成黏稠状的馅。逐个将馄饨皮抹上馅，捏成馄饨。 ③将紫菜撕成小片，鸡蛋皮切丝。把锅置火上，放入清水烧沸，下入馄饨，水沸后转用小火煮熟，捞出放入碗内，撒上紫菜、青蒜苗末、蛋皮丝、熟鸡丝，再把鲜汤烧沸，加入余下的精盐调味，浇入碗内即成。

挂面卧鸡蛋

此面清香适口，营养丰富。含有丰富的蛋白质、脂肪、碳水化合物、钙、磷、铁、锌、维生素 A、维生素 C 及尼克酸等多种营养素。鸡蛋中氨基酸含量比例很适合人体需要，被称为完全蛋白食品，吸收率可达 95% 以上。产妇每天吃 3~4 个鸡蛋，就可满足需要，多吃则不易消化和吸收。

【主料】 细挂面 100 克，鸡蛋 2 个，羊肉丝、菠菜叶各 50 克。

【辅料】 香油 10 克，酱油 5 克，精盐 2 克，味精 1 克，葱丝 3 克，姜丝 2 克。

【制法】 ①将羊肉丝放碗内，加酱油、精盐、味精、葱丝、姜丝、香油拌匀。 ②锅置火上，放水烧开，下挂面后，磕入鸡蛋，待鸡蛋煮熟、挂面断生，倒入拌好的羊肉丝搅匀，再放入菠菜叶，稍煮即成。

排骨汤面

此面排骨软烂，汤鲜味美，营养丰富。含有丰富的优质蛋白质、脂肪、碳水化合物、钙、磷、铁、锌等多种营养素。

【主料】　面条 100 克，猪排骨 200 克。

【辅料】　花生油 15 克，精盐 6 克，葱段、姜片、白糖、料酒各 5 克，味精 2 克。

【制法】　①将排骨洗净，剁成 5 厘米长的段。　②炒锅上火，放入花生油，烧至七成热，下葱段、姜片稍炸，倒入排骨，加料酒、精盐，煸炒至排骨变色，加水 500 克烧沸，转中火煨至排骨熟透，加白糖、味精调味，端锅离火，拣去葱、姜。　③锅内加清水烧沸，下面条，待水再烧沸时，点入凉水将面条煮熟，用竹筷挑入碗内，每碗盛入排骨及汤汁即成。

小枣包子

此包暄软香甜。小枣含糖类、钙、磷、铁、钾、镁及维生素 C、维生素 P、维生素 A、维生素 B_2 等。面粉富含碳水化合物，还含有维生素 B_1、维生素 B_2 及一些微量元素等。常食可补血健脾，对产后体虚气弱、乏力倦怠、食欲不振等症有辅助疗效。

【主料】　面粉 500 克，面肥 50 克，小枣 200 克。

【辅料】　白糖 100~150 克，食碱适量。

【制法】　将小枣去核洗净，剁成细末，加白糖拌匀成馅。面粉放盆内，加面肥和水 250 克和成面团。待酵面发起，加食碱揉匀，揪成 50 克 1 个的剂子，包入枣馅，捏成石榴形，上笼蒸 15 分钟即成。

苹果煎蛋饼

此饼松软香甜，含有丰富的蛋白质、脂肪、碳水化合物、钙、磷、铁、锌、维生素 A、维生素 D、维生素 C、维生素 B_1、维生素 B_2、尼克酸等营养素。产妇食用能增乳，并能预防产后便秘、乳少、盗汗、暑热烦渴等。

【主料】　面粉 15 克，奶粉 30 克，鸡蛋 1 个，苹果 250 克。

【辅料】　奶油 50 克，白糖 40 克，熟花生油少许。

【制法】　①将鸡蛋磕入碗内，加水 100 克搅匀，把面粉和奶粉掺匀放入碗内，再徐徐倒入鸡蛋液拌匀，用纱布过滤备用。　②煎锅内涂少许油烧热，加入 30 克蛋浆，轻轻转动煎锅，使之自然摊平成圆饼，煎成淡金黄色，翻面再煎，煎至两面均呈淡黄色，即成蛋皮。按此法将蛋浆全部煎完为止。　③将苹果去皮、去子，切成小碎片。炒锅上火，加奶油烧热，倒入苹果片及白糖稍炒，盛入盘内作馅。　④将适量苹果馅趁热加在每张蛋饼皮上，按平对折成半圆形，再对折成扇形即成。

高汤水饺

此饺汤鲜皮软，馅嫩味美，营养丰富。含有丰富的动物性和植物性蛋白质及碳水化合物。还含有多种维生素、矿物质、水分和粗纤维。

【主料】　面粉 250 克，猪肉 175 克，白菜叶 75 克，紫菜 3 克，鲜汤 500 克。

【辅料】　香油 3 克，酱油 10 克，精盐 3 克，味精 1 克，葱、姜各少许。

【制法】　①将猪肉洗净剁成茸。葱、姜均切末。白菜叶洗净，剁碎。　②将猪肉茸放入盆内，加入葱末、姜末、酱油和少许精盐搅拌均匀，再加入香油、白菜末拌匀成馅。　③将面粉加温水和成面团，饧 15 分钟，揉匀，揪成小剂，擀成薄皮，包入馅心，成饺子生坯。 ④锅内放清水烧沸，下入包好的饺子，煮至八成熟捞入煮沸的鲜汤内，约煮 2 分钟，汤内加入余下的精盐和味精、紫菜，盛入碗内即成。

牛奶焖饭

此饭洁白香糯，奶味浓郁。富含蛋白质、碳水化合物、钙、磷、铁、尼克酸等多种营养素。具有益气养血、益阴生津、补养五脏的功效。对于产后康复较之于纯米饭更具有营养，且有明显促进乳汁分泌的作用。

【主料】　粳米 250 克。

【辅料】　牛奶 100 克。

【制法】　将粳米淘洗干净，放入盆内，加入牛奶及适量清水，上笼用旺火蒸熟即成。

糯米甜酒

此甜酒酸甜清香，营养丰富。含有蛋白质、碳水化合物、钙、磷、铁及维生素 B_1、维生素 B_2 等多种营养素。米酒舒筋活血，适于产妇食用。

【主料】　糯米 500 克。

【辅料】　酒曲 150 克。

【制法】　①将糯米放入盆内，加清水浸泡 1 小时，洗净捞出。 ②将锅内加入清水，下入糯米，用旺火烧煮，煮至五成熟捞出。用冷水淘两次，倒入笊篱中，控净水分，再上笼蒸一下，倒入盆中。 ③将酒曲擀成面，放入糯米饭内搅匀，上面拍平，中间用小擀面杖捣一个直径2厘米左右的洞，使空气流通。夏季用布、冬季用棉被盖好，保持30℃左右的温度，使之发酵即成。

百合糯米粥

此粥黏糯香甜。富含蛋白质、碳水化合物及钙、磷、铁，还含有秋水仙碱等多种生物碱。具有补中益气、益胃健脾、清心安神等功效。对体质虚弱、失眠、精神不爽的产妇尤为适宜。

【主料】 百合60克，糯米200克。

【辅料】 白糖50克。

【制法】 ①将糯米淘洗干净。百合洗净。 ②将锅置火上，放入清水2000克，下入糯米、百合推搅均匀，用旺火烧开，转用文火煮至熟烂，盛入碗内，加入白糖，调匀即成。

牛奶麦片粥

此粥软烂适口，含有丰富的蛋白质、脂肪、碳水化合物、钙、磷、铁、维生素A、维生素B_1、维生素B_2及尼克酸等多种营养素。具有健脾益气、养血生津、除烦止渴、益肾养心、下气利肠、生精催乳等功效。对产妇既可补益身体，又可促进乳汁分泌。

【主料】 牛奶50克，干麦片100克。

【辅料】 白糖适量。

【制法】 ①将麦片用冷水450克泡软。 ②将泡好的麦片连水放入锅内，置火上烧开，煮两三开后，加入牛奶，再煮

5~6分钟，视麦片酥烂、稀稠适度，盛入碗内，加入白糖，搅匀即成。

小米红糖粥

此粥黏糯香甜，营养丰富。小米和大米相比，二者提供的热能大致相同。但小米所含蛋白质、脂肪、铁及其他微量元素均比大米多；小米中的维生素 B_1、维生素 B_2 含量也比大米高；小米中还含有少量胡萝卜素。小米可健脾胃，补虚损；红糖含铁量比白糖高 1~3 倍，对于排除瘀血、补充失血有较好的作用。因此，以小米粥作为产妇的一部分主食是很有益处的。

【主料】 小米 100 克。

【辅料】 红糖适量。

【制法】 ①将小米淘洗干净，放入锅内，一次加足水，上旺火烧开后，转小火煮至粥黏。 ②食用时，加入适量红糖搅匀，再煮开，盛入碗内即成。

牛奶枣粥

此粥黏糯香甜，含有丰富的蛋白质、脂肪、碳水化合物和钙、磷、铁、锌及多种维生素。产妇常食，能补气血、开胃健脾。

【主料】 粳米 100 克，牛奶 400 克。

【辅料】 红枣 20 个，红糖 20 克。

【制法】 ①将粳米淘洗干净，放入锅内，加水 1000 克，置旺火上煮开后，用文火煮 20 分钟，米烂汤稠时加入牛奶、红枣，再煮 10 分钟。 ②食用时，加红糖，再煮开，盛入碗内即成。

黑芝麻粥

此粥黏糯香甜，含有丰富的碳水化合物、蛋白质、脂肪、钙、磷、铁、锌等多种营养素。芝麻是著名的补品，含有脂溶性维生素A、维生素D、维生素E，对产妇失血的补养和血管保养大有好处。

【主料】　粳米250克，黑芝麻75克。

【辅料】　白糖适量。

【制法】　①将黑芝麻拣去杂质，淘洗干净，晒干，入锅炒熟，压成碎末。　②将粳米淘洗干净，放入锅内，加入适量清水，用大火烧开后，转微火熬至米烂粥稠时，加入黑芝麻末，待粥微滚，加入白糖，盛入碗内即成。

小米面茶

此面茶黏糯适口，有浓郁的芝麻香味。富含铁质及蛋白质、碳水化合物、脂肪、钙、磷、锌、维生素B_1、维生素B_2、尼克酸等多种营养素。尤其适用于冬季临产及产后的妇女食用。

【主料】　小米面500克，芝麻酱200克，芝麻仁50克。

【辅料】　熟花生油50克，精盐10克，姜粉少许。

【制法】　①将芝麻仁炒香，碾成粗末，与精盐拌和成芝麻盐。麻酱加油调成稀糊状。　②将小米面放入盆内，加水调成稀糊。锅内放水4000克烧开，下姜粉，倒入小米面糊，边倒边搅拌均匀，烧开成粥状，改用小火保温。　③食用时，将面茶盛入碗内，均匀撒上芝麻盐，用小勺舀起适量麻酱浇淋在面茶上即成。

蛋花粥

此粥黏糯适口,含有丰富的蛋白质、碳水化合物、维生素A等多种营养素。孕产妇身体虚弱,常食此粥,很有益处。

【主料】 粳米100克,鸡蛋1个。

【辅料】 精盐适量。

【制法】 ①将粳米淘洗干净。鸡蛋磕入碗内。 ②铝锅置火上,放适量清水烧开,下粳米熬煮,粥将好时,把蛋液打散后均匀地倒入粥内,再稍熬片刻,加少许精盐,搅匀即成。

绿豆银耳粥

此粥色泽美观,香甜适口。含有丰富的蛋白质、脂肪、碳水化合物、钙、磷、铁、锌等多种营养素。中医认为,银耳味甘、淡、性平,具有滋阴润肺、益气和血等功效。现代研究发现,银耳可明显增强机体免疫力,兴奋骨髓造血功能,促进蛋白质与核酸的合成,可用于防治高血压、血管硬化等症。绿豆有消暑去火、清热解毒的作用,是产妇夏季的一种理想食品。

【主料】 粳米200克,绿豆100克,银耳30克。

【辅料】 白糖、山楂糕各适量。

【制法】 ①将绿豆用清水泡4小时。银耳用凉水泡2小时,摘去硬蒂,撕成小瓣。山楂糕切成小丁。 ②将粳米淘洗干净,放入锅内,加适量清水,倒入绿豆、银耳,用旺火煮沸后,转微火煮至豆、米开花,汤水黏稠。 ③食用时,将粥盛入碗内,加白糖、山楂糕丁即成。

枣莲三宝粥

此粥香甜黏稠,绿豆酥烂软糯。含有丰富的碳水化合物、蛋白质、钙、磷、铁、维生素 B_1、维生素 B_2、尼克酸等多种营养素。绿豆清热解暑,利湿除烦,莲子补益心肾,健脾涩肠,红枣调胃和中,开胃健脾,粳米养血益气。三者合用,滋阴生津、益气强身的功效更强,产妇常食,有较好的补益效果。

【主料】 粳米 100 克,绿豆、通心莲子各 20 克,红枣 30 克。

【辅料】 白糖 100 克。

【制法】 ①将粳米与绿豆淘洗干净,一起放入锅内,加水 1000 克,用大火烧开后,加入洗净的红枣、莲子,改用小火再煮 30 分钟,至粥黏、莲子和绿豆酥烂。 ②将粥盛入碗内,加白糖调匀即成。

鸡 粥

此粥鲜美可口,含有丰富的蛋白质、脂肪、碳水化合物、钙、磷、铁、锌、维生素 B_1、维生素 B_2、尼克酸等多种营养素。妇女产后食用此粥可滋养五脏、补气血。

【主料】 鸡肉 150 克,粳米 150 克。

【辅料】 精盐 3 克,姜片、葱末、香菜末各少许。

【制法】 ①将鸡肉洗净,放入锅内,加入姜片、葱末和水,烧沸后转小火煮熟,捞出晾凉,把鸡肉撕成丝。 ②将粳米淘洗干净,放入煮鸡汤锅内,烧开后用小火煮成粥,加入精盐、鸡丝再煮一会儿,盛入碗内撒上香菜末即成。

孕产妇食谱

五、哺乳期食谱

母乳是婴儿最理想的食物,能满足婴儿生长发育的需要。乳汁中的各种营养素全部来自母体,如果乳母的膳食中这些营养素供给不足或缺乏,则要动用母体中的储备来维持乳汁中营养成分的稳定。乳母长期营养不足,其乳汁的质与量都将大为降低和减少。这不仅对孩子生长发育不利,也会大大损害母体的健康。

乳母体内每合成100毫升乳汁约需380千焦热能,如乳母平均每日分泌850毫升乳汁,每日则须额外增加3350千焦热能。另外,哺乳期母体基础代谢增加,比正常妇女高20%左右,故每日平均还需再增1050~1260千焦热能。两项相加,每日平均应增加4190千焦左右的热能。由于孕期的母体中已储留3~4千克的脂肪,此时可用于热能补充,故乳母每日所需的热能应在非孕妇女的基础上增加3350千焦左右。

母乳中蛋白质的含量通常为1.2%,故母体平均每天需供给10~15克蛋白质以保证乳汁的生成。由于蛋白质从膳食到乳汁的转化率为70%~80%,同时因我国膳食蛋白质多以植物蛋白质为主,其转化率更低,所以,乳母每天必须多摄入20~30克蛋白质。我国规定,哺乳期妇女的蛋白质供给量标准为每日增加25克。

脂类能促进婴儿脑的发育,类脂质对中枢神经系统的髓鞘化尤其重要。乳汁中的脂肪酸组成是乳母膳食中脂肪酸组成的直接反映。如乳母摄入不饱和脂肪酸较多,其乳汁中不饱和脂肪酸的含量也会增加。在一般情况下,乳母摄入的脂肪量以总热能的27%为适宜。

哺乳期的母亲，特别不能缺钙。每100毫升母乳含20~30毫克钙。如果乳母膳食中钙供给不足，就会动用母体骨骼和牙齿中的钙来维持，长此下去，母体会由于钙缺乏过多而易患骨质软化症。所以，妇女在哺乳期要多吃含钙的食物。

由于铁不能通过乳腺输送至乳汁，故人乳中铁的含量极低，不能满足婴儿的需要。为了保证对婴儿铁的供应，并补充母体分娩时血液的损失，哺乳期妇女的膳食应多供给富含铁的食物。其铁供给量标准每日以28毫克为宜。

锌与婴儿脑神经生长发育以及免疫功能关系非常密切，锌还能提高乳母蛋白质的吸收利用。乳汁中锌含量受乳母膳食的直接影响。国家推荐的锌供给量标准为每日20毫克。

碘的摄入量也应随乳母基础代谢率和能量消耗的增高而相应增高。为此，中国营养学会1988年建议，哺乳期妇女碘的供给量，应在正常供给量的基础上，每日再增加50微克。

维生素对促进乳汁分泌，保证乳汁营养成分的稳定，维持乳母健康大有好处。乳腺对乳汁中维生素的含量具有奇妙的控制能力。水溶性的维生素一般都能通过乳腺进入乳汁，在脂溶性维生素中，维生素A可通过乳腺进入乳汁。我国膳食中维生素A一般供应不足，因此，乳母在哺乳期要多选用富含维生素A的食物。中国营养学会推荐的每日维生素供给标准为：维生素A 1200国际单位，维生素B_1、维生素B_2各2.1毫克，尼克酸21毫克，维生素C 100毫克。

总之，妇女在哺乳期应保持充足的蛋白质、脂肪、碳水化合物、钙、铁、锌和维生素等营养物质的供给，才能满足婴儿生长发育和母体健康的需要。

孕产妇食谱

奶油一棵松

此菜色泽美观,汤汁乳白,菜心鲜嫩,味香爽口。含有较多的钙、磷、铁等矿物质和多种维生素,蛋白质、脂肪等营养素的含量也十分丰富。

【主料】 大白菜心750克,水发冬菇、净冬笋、生鸡脯肉各25克,虾仁50克,鲜牛奶100克。

【辅料】 鲜汤750克,精盐3克,味精2克,料酒、水淀粉各10克,花生油750克(约耗100克)。

【制法】 ①在大白菜心根部一端横竖剞四刀成井字形(深度为5厘米),用粗线将菜心上端扎紧。冬菇、冬笋、鸡脯肉分别切成长约5厘米的薄片。 ②炒锅上火,放入花生油,烧至四成热,投入菜心氽至半熟离火,用漏勺捞起沥油。 ③取一个大沙锅,用竹箅垫底,放入菜心,倒入鲜汤,加入精盐少许、味精、料酒,上旺火烧沸,转微火焖熟离火,捞出菜心,拆去粗线,横放在长盘中。 ④炒锅置火上,放入花生油,烧至五成热,下冬笋片、冬菇片、虾仁、鸡脯片滑熟,倒入漏勺内沥油。将沙锅内的原汤滗入炒锅烧沸,下虾仁、冬笋、冬菇、鸡脯片,放余下的精盐、牛奶,用水淀粉勾芡,淋入少许熟油,浇在菜心上即成。

海米烧菜心

此菜清鲜味美,开胃去腻。富含蛋白质、脂肪、碳水化合物、钙、磷、铁、锌、胡萝卜素、尼克酸、维生素C、维生素E等营养素。

【主料】 油菜心 500 克，水发海米 50 克。

【辅料】 精盐 4 克，味精 2 克，白糖 3 克，水淀粉 75 克，鲜汤适量，花生油 500 克 (约耗 50 克)。

【制法】 ①将油菜心择洗干净，用开水稍烫捞出，再用清水投凉，沥净水分。 ②炒锅上火，放入花生油，烧至四成热，下油菜心炸约半分钟，捞出沥油。 ③原锅留底油置火上，放入油菜心、海米，倒入鲜汤 (或水)，加精盐、白糖，在旺火上烧开，用水淀粉勾芡，放味精，淋入少许熟花生油即成。

肉丝雪里蕻百叶丝

此菜咸香适口，营养丰富。含有蛋白质、脂肪、钙、维生素 C 等多种营养素。

【主料】 猪瘦肉 50 克，雪里蕻 100 克，百叶 50 克。

【辅料】 花生油 20 克，酱油 10 克，精盐 2 克，葱、姜各 3 克。

【制法】 ①将猪肉洗净，切成细丝。雪里蕻洗净稍泡，挤去水切碎。百叶切成丝。 ②炒锅上火，放油烧热，下葱、姜煸黄，放入肉丝，炒至将熟时，放入雪里蕻及百叶丝，加酱油、精盐，用旺火快炒，炒透入味即成。

西红柿果菜汁

此果菜汁色泽鲜红，酸甜适口。富含维生素 C、胡萝卜素及钙、铁、磷等多种营养素。不仅可以补气血，于贫血者有益，而且对血小板减少、神经衰弱、过度疲劳也有很好的滋补作用。

【主料】 西红柿100克，红枣50克，葡萄干30克，苹果80克，柠檬25克。

【辅料】 蜂蜜10克。

【制法】 ①将西红柿洗净、去蒂，苹果去皮、去核，红枣洗净、去核，一起放入电动食品粉碎机内，加上凉开水搅打成汁。 ②将搅打好的汁液内加入蜂蜜、研磨细碎的葡萄干和挤出的柠檬汁调匀即成。

糯米酿西红柿

此菜色泽美观，味美适口。含有丰富的蛋白质、脂肪、铁、锌、维生素E等多种营养素。西红柿中维生素C的含量虽然不很高，但由于有机酸的保护，烹调时损失较少，故维生素C的利用率较高。

【主料】 西红柿5个（每个重约50克），猪肉末100克，糯米饭100克。

【辅料】 酱油15克，精盐3克，味精、白糖各2克，葱、姜各5克。

【制法】 ①将葱洗净切成细末。姜洗净切成末。 ②肉末放入碗内，加葱末、姜末、酱油、精盐、味精、白糖，拌匀，再加入糯米饭拌匀成馅。 ③将西红柿洗净切除蒂部，并从切口处挖去瓤子，酿入调好味的糯米肉馅，底朝下放在盘内，放入蒸锅内用旺火蒸15分钟，取出即成。

三丝黄瓜

此菜鲜嫩爽脆，味美适口，形态美观。含有丰富的维生素

C、钙、磷、铁、蛋白质等多种营养素。黄瓜除供给人体必须的营养成分之外，还有滋润皮肤的作用。

【主料】 黄瓜3根，香肠丝、香菇丝、绿豆芽各30克。

【辅料】 熟花生油15克，精盐3克，味精2克，水淀粉10克，鲜汤适量。

【制法】 ①将黄瓜去皮，切去两头，切成3厘米长的段，捅掉黄瓜中间的籽瓤，把香菇丝、香肠丝和绿豆芽依次嵌入黄瓜段中间（三丝同黄瓜段要一样长短），全部做完后排放在盘内，上笼用旺火蒸5~7分钟，取出备用。②炒锅上火，加鲜汤、精盐、味精，烧沸后用水淀粉勾薄芡，淋入熟花生油，把卤汁浇在三丝黄瓜上即成。

虾子烧菜花

此菜菜花酥烂，海鲜味浓。维生素C的含量丰富，还含有较多的蛋白质、多种矿物质和其他维生素。

【主料】 菜花250克，虾子25克。

【辅料】 香油10克，花生油40克，酱油、水淀粉各15克，料酒5克，精盐2克，味精1.5克，葱末、姜末共15克，黄豆芽汤100克。

【制法】 ①将菜花掰成小块，放入沸水锅内焯透捞出，放入凉水内浸凉，沥干水分。虾子用水淘洗干净。②炒锅上火，放入花生油烧热，下虾子稍炸，放葱末、姜末、精盐、酱油、料酒、味精，倒入菜花，加入黄豆芽汤，烧开后用小火煨透，用水淀粉勾芡，淋香油，盛入盘内即成。

孕产妇食谱

海米鲜蘑萝卜条

此菜海米味美,蘑菇鲜嫩,萝卜爽口。含有丰富的蛋白质、脂肪、碳水化合物、钙、磷、铁、锌、胡萝卜素、维生素C等多种营养素。

【主料】 白萝卜500克,海米20克,罐头蘑菇150克,鲜汤400克。

【辅料】 熟猪油5克,香油2克,精盐4克,味精2克,白糖4克,料酒5克,水淀粉15克。

【制法】 ①将海米洗净,放入碗内,用温水浸泡。白萝卜去皮,切成6厘米长的段,再切成笔杆粗的条,放入沸水锅内煮熟捞出。蘑菇切成0.4厘米厚的片。 ②炒锅上火,放油烧热,下萝卜条煸炒2分钟,放海米、蘑菇,一起炒几下,加鲜汤、精盐、料酒、白糖烧开,用小火煨5分钟,放味精,用水淀粉勾薄芡,用勺轻推几下,淋香油,盛入盘内即成。

肉丁香干炒豆酱

此菜色泽美观,咸香适口,营养丰富。含有较多的蛋白质、脂肪、碳水化合物、钙、磷、铁、锌、胡萝卜素、硫胺素、核黄素、尼克酸、维生素E等多种营养素。

【主料】 猪瘦肉、豆腐干、青豆各50克,胡萝卜100克。

【辅料】 花生油15克,酱油10克,甜面酱、白糖各5克,姜片2克。

【制法】 ①将猪肉切成小丁。青豆洗净。胡萝卜、豆腐干洗净,均切成小丁。 ②炒锅上火,放油烧热,下姜片稍煸，再下肉丁，炒至变色，加青豆、胡萝卜丁，炒至快熟时，放豆腐干丁，加甜面酱、酱油、白糖，旺火快炒（如嫌太干，可略加水），炒熟即成。

桃仁烧丝瓜

此菜白绿相间，香甜适口，色形味俱佳。含有丰富的蛋白质、多种矿物质和维生素。丝瓜性味甘凉，具有清湿热、凉血热、下乳汁等功效。核桃仁性味甘温，有补肾、温肺、定喘、润肠、通便的作用。

【主料】 丝瓜250克，核桃仁、鲜汤各100克。

【辅料】 熟鸡油10克，精盐4克，味精2克，料酒10克，干淀粉、姜末各5克，花生油500克（约耗30克）。

【制法】 ①将核桃仁用开水泡发，剥去外皮，洗净备用。 ②将丝瓜刮去老皮，切成滚刀块。 ③炒锅上火，放入花生油，烧至四五成热，下核桃仁、丝瓜滑透，捞出沥油。 ④锅内留油少许置火上，下姜末炝锅，放入核桃仁、丝瓜，再放鲜汤、精盐、料酒，略炒片刻，用水淀粉（干淀粉5克加水10克调成）勾芡，放味精，淋熟鸡油，盛入盘内即成。

丝瓜蛋汤

此汤色泽鲜艳，味道鲜香。含有丰富的蛋白质、脂肪、钙、锌、维生素C等多种营养素。具有祛风、化痰、凉血、解毒、利尿、活血、消肿、润肠、下奶等功效。

【主料】 丝瓜200克，鸡蛋1个，鲜汤400克。

【辅料】 花生油10克，香油、精盐、料酒各3克，味精 1 克。

【制法】 ①将丝瓜刮去外皮,切成 6 厘米长的段,再改切成小条块。鸡蛋磕入碗内,用筷子调匀。 ②炒锅置火上,放入花生油,烧至六成热,倒入丝瓜煸至呈绿色,加鲜汤、精盐、味精烧沸,淋入蛋液,加入料酒,开后撇去浮沫,放香油,盛入碗内即成。

金钩冬瓜方

此菜色形清雅,香浓咸鲜,脆嫩爽口。含有丰富的蛋白质、钙、磷、铁、锌、维生素 C 等营养素。冬瓜对人体动脉硬化症、冠心病、高血压、肾炎、水肿等疾病有良好的辅助治疗作用。

【主料】 冬瓜 500 克,净鱼肉 75 克,熟猪肥膘肉、海米各 25 克,熟火腿 15 克,鸡蛋清 1 个,鲜汤 300 克。

【辅料】 熟猪油 25 克,熟鸡油 2 克,精盐 4 克,味精 2 克,料酒、水淀粉各 10 克,胡椒粉 1 克,葱姜汁 5 克。

【制法】 ①将冬瓜去皮及瓤洗净,切成 5 厘米见方的块共 10 块,在每块中间挖一圆形凹洞。海米洗净,用温水泡上。火腿切末。 ②将鱼肉、肥膘肉洗净,分别剁成茸,同放碗内,加入鸡蛋清、葱姜汁和少许精盐、味精、料酒拌匀成馅,分 10 份放入冬瓜块的小洞中,每块插上数粒海米,上笼用小火蒸 10 分钟左右,取出摆入汤盘内。 ③炒锅上火,放熟猪油,烹余下的料酒,加鲜汤和余下的精盐、味精及胡椒粉,烧沸后用水淀粉勾芡,淋熟鸡油,浇在冬瓜块上,撒上火腿末即成。

冬菇牛肉汤

此汤牛肉酥烂,汤味醇厚。牛肉中的蛋白质含量比猪肉高一倍。冬菇中的麦角甾醇在阳光照射下能转化为维生素D,可防治佝偻病。

【主料】 嫩牛瘦肉250克,水发冬菇70克。

【辅料】 香油3克,酱油6克,精盐4克,胡椒粉1克,料酒20克,葱、姜各10克。

【制法】 ①将牛肉切成2厘米见方的块,洗净,放入冷水锅内,用大火烧沸,倒入漏勺洗净血污。葱切段。姜切块拍松。水发冬菇去蒂洗净,片成片。 ②将牛肉放入锅内,加清水1000克,放葱段、姜块、料酒,用小火焖至牛肉酥烂,加酱油、精盐、冬菇,再焖10分钟,盛入大碗内,撒胡椒粉,淋香油即成。

翠玉菇

此菜豌豆碧绿似玉,菇香鲜嫩爽口。富含蛋白质、维生素C、维生素B_1、维生素B_2、维生素E、维生素P及钾、磷、铁等十几种矿物质和17种氨基酸。

【主料】 鲜草菇250克,鲜豌豆100克。

【辅料】 熟花生油40克,精盐3克,味精1克,水淀粉10克,姜汁5克,鲜汤150克。

【制法】 ①将鲜草菇洗净,放入沸水锅内稍焯捞出,用冷水过凉,切成丁。鲜豌豆洗净,沥水。 ②将炒锅置旺火上,放入花生油30克烧热,下入草菇丁,加入姜汁煸炒片刻,倒入鲜豌豆、鲜汤烧沸，加入精盐、味精，用水淀粉勾薄芡，淋入熟花生油10克，盛入盘内即成。

海带丝汤

此汤色泽美观，汤清味鲜。富含微量元素碘、维生素C和胡萝卜素。

【主料】 水发海带100克，猪瘦肉50克，胡萝卜50克。

【辅料】 花生油30克，酱油15克，精盐2克，葱丝、姜丝、蒜片、花椒水、鲜汤各适量。

【制法】 ①将猪肉切成细丝。海带洗净，切成丝。胡萝卜去皮，切成细丝。 ②将炒锅置火上，放入清水烧沸，分别下入海带丝、胡萝卜丝焯一下，捞出沥水。 ③将炒锅置火上，放入花生油烧热，下入葱丝、姜丝、蒜片爆香，下入猪肉丝煸炒，待肉丝变白，加入酱油、花椒水、鲜汤、精盐、海带丝、胡萝卜丝烧沸，撇去浮沫，调好口味，盛入碗内即成。

翡翠豆腐羹

此菜色泽碧绿，豆腐鲜嫩，味美适口。含有丰富的铁、钙、磷、蛋白质、脂肪、碳水化合物、尼克酸、维生素C等多种营养素，具有补气生血、健脾益肺、润肌护肤、养肝健胃等功效，对患有贫血、各种出血症、软骨病、营养不良、食欲不振等病的乳母更为适宜。

【主料】 豆腐400克，荠菜150克，熟火腿末3克，鲜汤500克。

【辅料】 花生油50克，精盐3克，味精1克，料酒4

克，水淀粉 10 克。

【制法】　①将豆腐切成 1 厘米见方的丁，放入沸水锅内焯一下，捞入冷水内浸凉，沥净水分。荠菜去根茎留叶，用沸水焯一下，放入冷水内凉透，挤去水分，剁成细末。　②炒锅上火，放入花生油，烧至七成热，下入荠菜末略煸，加鲜汤、豆腐、精盐、味精、料酒烧沸，用水淀粉勾芡，盛入汤碗内，撒上熟火腿末即成。

珍珠豆腐

此菜形态别致，色泽淡雅，滑嫩爽口。含有丰富的蛋白质、脂肪、碳水化合物、钙、磷、铁、锌、硫胺素和维生素 C、维生素 E 等多种营养素。常食能养血益气、生津润燥、清热解毒。其蛋白质含量丰富，有利于母体恢复。

【主料】　南豆腐 200 克，鸡脯肉 100 克，青豌豆 60 克，鸡蛋清 1 个，鲜汤 400 克。

【辅料】　熟鸡油、葱、姜各 5 克，精盐 10 克，味精 2 克，胡椒粉 3 克，料酒 20 克，水淀粉 20 克，熟猪油 500 克 (约耗 100 克)。

【制法】　①将豆腐削去外皮，按压成泥。鸡肉洗净剁成泥。青豌豆放入沸水锅内焯一下去皮。葱、姜均拍松，同放碗内加适量水调成葱姜汁。　②将豆腐泥与鸡肉泥搅和均匀，加适量精盐、味精和鸡蛋清、料酒、胡椒粉、葱姜汁，搅拌均匀，制成玉米粒大小的颗粒，放入烧热的熟猪油锅内稍氽，捞出沥油。　③净炒锅置火上，放鲜汤，加入余下的精盐、味精，烧沸后放入豆腐鸡肉珠、青豌豆，用水淀粉勾芡，淋入熟鸡油即成。

孕产妇食谱

葵花牛肉

此菜色泽美观,清淡可口。富含优质蛋白质、维生素C、胡萝卜素及钙、磷、铁、锌等多种营养素。营养全面。

【主料】 牛肉100克,油菜心150克,西红柿150克,水发口蘑75克。

【辅料】 花生油25克,酱油、精盐、葱段、姜片、水淀粉、鲜汤各适量。

【制法】 ①将牛肉放入锅内,加水烧开,转用小火煮至八成熟,再加入酱油煮熟,取出切成片。 ②将油菜心洗净,用少许鲜汤、精盐烧熟(不可过火)。西红柿用开水烫一下,撕去皮切片。 ③将炒锅置火上,放入鲜汤,下入口蘑,加入精盐少许烧熟。 ④将口蘑放在盘子中间,四周摆牛肉片,外围再摆西红柿片,西红柿外侧再摆油菜。 ⑤将炒锅置火上,放入花生油烧热,下入葱段、姜片炝锅,加入余下的鲜汤,捞出葱、姜不用,加入余下的精盐,用水淀粉勾芡,淋在菜肴上即成。

藕煨排骨汤

此菜汤浓味醇,藕色鲜艳,质地炝软熟烂。富含蛋白质、脂肪、碳水化合物、维生素C,还能为乳母提供大量的钙质。是产后乳母的调养佳品。

【主料】 猪排骨200克,莲藕400克。

【辅料】 花生油10克,精盐6克,料酒10克,胡椒粉2克,老姜10克。

【制法】 ①将排骨剁成块,放入沸水锅内焯一下,洗净沥水。莲藕去皮，用刀拍破后切成块，用清水冲漂干净。姜去皮，拍松备用。 ②将炒锅置火上，放入花生油烧热，下入姜块、排骨翻炒，待排骨色泽由红变白，烹入料酒，加入清水适量，用大火烧沸，撇去浮沫，加盖焖煮15分钟，再转入大沙锅或不锈钢锅（不要用铁锅，以免藕块变黑），放入藕块，用小火煨至藕块熟烂、排骨炆软离骨，加入精盐、胡椒粉调味即成。

爆炒猪肝花

此菜呈淡酱色，味香嫩脆。含有丰富的维生素A、维生素B_1、维生素B_2、维生素C和蛋白质、脂肪、碳水化合物、钙、磷、铁、锌及尼克酸等多种营养素。具有养血、补肝、清心明目、补益五脏等功效。乳母常食，除能补充体内必需的营养外，对于缺乏维生素A、营养不良、贫血、夜盲症、干眼病、皮肤病、出血症等有辅助疗效，对防治婴儿维生素A缺乏也有极好的作用。

【主料】 猪肝250克，净冬笋50克，青蒜段10克。

【辅料】 花生油500克（约耗50克），香油、料酒各5克，酱油15克，味精1克，白糖2克，干淀粉10克，精盐、葱、姜各3克，水淀粉适量。

【制法】 ①将猪肝洗净，剖开，剞十字花刀，再切成块，用干淀粉、精盐拌匀。 ②炒锅上火，放花生油烧热，下猪肝炸一下捞出。 ③将冬笋切片，葱、姜均切末，一起放入留适量油的炒锅内爆炒一下，加酱油、白糖、料酒，再加适量清水，用水淀粉勾芡，最后放入青蒜段和肝花，翻炒几下，放味精，淋香油即成。

腰花木耳汤

此汤鲜醇适口，富含维生素 B_1、维生素 B_2、维生素 C 和蛋白质、脂肪、碳水化合物、钙、磷、铁、尼克酸等营养素。能促进产妇身体康复及乳汁分泌，对肺、胃、肾等内脏器官也有很好的滋补作用。

【主料】 猪腰子 150 克，水发木耳 15 克，笋片 20 克，鲜汤 500 克。

【辅料】 精盐 5 克，味精 3 克，葱花 5 克。

【制法】 ①将猪腰子一片两半，除去腰臊，洗净，切成兰花片，用清水稍泡。木耳用清水洗净。 ②将腰花、木耳、笋片一起放入沸水锅内煮熟，捞入汤碗内，加葱花、精盐、味精，把烧沸的鲜汤浇入汤碗内即成。

红烧猪脚

此菜金红油润，咸香味美。含有丰富的蛋白质、脂肪、碳水化合物、钙、磷、铁、锌和维生素 B_1、维生素 B_2 及尼克酸等多种营养素。具有强筋健骨、益气养血、生精下乳等功效，是乳母补体下乳极好的食疗菜品。

【主料】 猪脚 1000 克。

【辅料】 酱油 70 克，精盐少许，白糖 20 克，料酒、葱段各 10 克，姜片 5 克，桂皮 4 克。

【制法】 ①将葱切段、姜切片，备用。 ②用烧红的通条燎去猪脚上的残毛，刮洗干净放入锅内，加水烧开后，转小火煮 30 分钟，捞出晾凉，从趾缝中切开，露出骨头，便于煮烂入味。③将猪脚放锅内，加入清水，置旺火上，再加葱段、姜片、桂皮、酱油、料酒、精盐，烧开后转微火炖2.5小时左右，至快烂时放白糖，烧至汤汁稠浓即成。

番茄蛋糕

此菜造型新颖，质松味美，营养丰富，诱人食欲。含有丰富的蛋白质、脂肪、碳水化合物、钙、磷、铁、锌和维生素A、维生素B_1、维生素B_2、维生素C及尼克酸等多种营养素。为滋补菜品。

【主料】 鸡蛋3个，猪肉末50克，海米、炸花生米各20克，西红柿2个。

【辅料】 花生油20克，精盐3克，葱末、姜末各10克，味精、料酒各少许。

【制法】 ①将鸡蛋磕入碗内，搅打均匀。②将海米、花生米均剁成末，放入碗内，加肉末、鸡蛋液、姜末、葱末、精盐、味精、料酒，搅拌均匀。③炒锅置火上，放入花生油，走匀锅底，倒入混合好的鸡蛋液，盖上锅盖，用微火焖15分钟，取出晾凉，切成图案花样。④西红柿切成大薄片，沿盘边摆成一圈，把切好的蛋糕放到中间即成。

芫梗爆鸡丝

此菜白绿相间，质地脆嫩，香味浓郁。含有丰富的优质蛋白质、脂肪、钙、磷、铁、锌和维生素C、维生素E及尼克酸等营养素。

【主料】 净鸡脯肉250克，芫荽（香菜）梗100克，鸡

孕产妇食谱

蛋清2个。

【辅料】 香油7克，精盐、葱、姜各5克，味精3克，料酒10克，水淀粉35克，花生油500克(约耗75克),鲜汤适量。

【制法】 ①将鸡脯肉去筋切成丝，加少许精盐、水淀粉25克和鸡蛋清拌匀上浆。 ②将芫荽梗切成3.3厘米长的段。葱、姜均切丝。 ③炒锅上火，放入花生油，烧至五成热，下鸡丝滑透，捞出沥油。 ④原锅留油少许置火上，下葱丝、姜丝煸出香味，放芫荽梗稍炒，加鸡丝翻炒均匀，烹入用余下的精盐和味精、料酒、鲜汤及余下的水淀粉调成的芡汁，翻炒均匀,淋香油,盛入盘内即成。

油淋子鸡

此菜子鸡色泽金红，皮脆肉嫩，麻、香、鲜、咸、微酸甜。富含蛋白质、钙、磷、铁、锌等多种营养素。对产后乳少有明显功效。

【主料】 光子鸡1只（重约500克）。

【辅料】 酱油30克，醋10克，白糖3克，料酒10克，花椒末、香油、味精、葱末、姜末、蒜末、鲜汤各少许，花生油适量。

【制法】 ①将子鸡去内脏洗净，从脊背剖开成两片，剁去鸡爪，用刀面将鸡肉拍松，放入盆内，用少许葱末、姜末和料酒、酱油适量腌渍片刻。 ②将炒锅置火上，放入花生油，烧至八成热，把鸡沥干腌汁，放入油内炸一下取出，待油温升至八成热，再把鸡放入油内复炸至皮脆，捞出稍晾，剁成条块，摆成原鸡形状。 ③将炒锅倒去油，置火上烧热，放入鲜汤、酱油、醋、白糖、花椒末、蒜末和余下的姜末、葱末，烧成浓卤汁,淋上香油,浇在鸡上即成。

香菇焖鸡

此菜色泽酱红光亮,鸡嫩肉烂菇香。含有丰富的优质蛋白质和钙、铁、锌等矿物质及多种维生素。

【主料】 白条鸡1只,猪五花肉250克,水发香菇150克。

【辅料】 熟猪油50克,酱油40克,精盐2克,料酒10克,白糖15克,虾子1克,葱2段,姜1块,大料2瓣,桂皮1小块,花椒少许。

【制法】 ①将鸡剖腹,去内脏,洗净,剁成大方块,用开水略烫,捞起沥水。 ②将猪五花肉洗净,切成厚片,用开水烫一下,捞出漂洗干净。香菇去蒂洗净。 ③炒锅上火,放熟猪油烧热,下葱段、姜块、大料、桂皮、花椒炸香,倒入鸡块、肉片、香菇煸炒,烹料酒,加酱油、精盐、白糖、虾子,倒入适量清水,烧沸后转小火,焖至酥烂即成。

冬菇鸡翅

此菜色泽金黄,鸡翅酥烂,味鲜清香。富含蛋白质、碳水化合物和钙、锌及多种维生素。尤其胶原蛋白质的含量丰富。

【主料】 鸡翅16只,水发冬菇15个,鲜汤750克。

【辅料】 红葡萄酒100克,酱油15克,精盐5克,味精1克,料酒10克,白糖5克,葱20克,姜10克,花生油500克(约耗75克)。

【制法】 ①将鸡翅的翅尖一节剁掉,用酱油4克、料酒腌渍片刻。冬菇去蒂洗净,片成片。葱切成段。姜切成片。

②炒锅上火，放入花生油，烧至七成热，下鸡翅炸至呈金黄色捞出沥油。 ③炒锅留油50克置火上烧热，下葱、姜煸香，下入鸡翅，加入红葡萄酒50克及白糖和余下的酱油稍煸上色，添鲜汤，放精盐、味精，用大火烧开，盛入沙锅内，再用小火焖熟。 ④炒锅置火上，放油少许，下葱段、冬菇煸一下，倒入沙锅中间，把余下的葡萄酒也倒入沙锅内，用小火焖20分钟即成。

鸭肉丝炒绿豆芽

此菜脆嫩咸香，清淡爽口。富含蛋白质、脂肪、钙、磷、铁、锌、尼克酸、维生素C等多种营养素。

【主料】 鲜鸭脯肉200克，绿豆芽300克。

【辅料】 花生油35克，香油5克，精盐3克，味精2克，醋3克，姜末2克，水淀粉少许。

【制法】 ①将鸭脯肉切成丝，用水淀粉拌匀上浆。绿豆芽掐去根。 ②将炒锅置火上，放入花生油烧热，下入鸭肉丝炒至颜色变白，再下入姜末、豆芽煸炒两下，烹入醋，加入精盐、味精、香油快速翻炒，至豆芽无生味，盛入盘内即成。

蛋蓉黄鱼羹

此菜美味可口，含有丰富的蛋白质、脂肪、碳水化合物和钙、磷、铁、锌及维生素A、维生素B_2、尼克酸等多种营养素。具有补益脏腑、养血生精、催乳下奶、益肝养心等功效，能促进机体恢复及乳汁分泌，对婴幼儿佝偻病有预防作用。

【主料】 鲜黄鱼肉200克，鸡蛋1个，鲜汤500克。

【辅料】 熟猪油50克，香油5克，水淀粉75克，精盐、味精、料酒、葱段、姜末各少许。

【制法】 ①将鱼肉切成0.4厘米见方的丁。 ②炒锅上火,放入熟猪油烧热,下葱段、姜末煸出香味,烹料酒,加鲜汤,用漏勺将葱段捞出不用。 ③将鱼丁放入锅内,加入精盐,烧沸1分钟后,用水淀粉勾芡,并将鸡蛋打匀,慢慢淋入锅内,用铁勺不断地搅拌,使蛋液均匀地与卤汁混合,再放味精、香油,出锅盛入大汤碗内即成。

虾仁芙蓉蛋

此菜软嫩鲜香,含有丰富的蛋白质、脂肪、碳水化合物、钙、磷、铁、锌和维生素A等多种营养素。常食能养血益气、生精壮骨、长肌健体,对乳母体质恢复、乳婴生长发育和预防婴幼儿佝偻病有较好的作用。

【主料】 鸡蛋清6个,虾仁50克。

【辅料】 熟猪油25克,精盐3克,味精1克,料酒、葱末各5克,干淀粉10克。

【制法】 ①将虾仁放碗内,加干淀粉和精盐、鸡蛋清各少许拌匀。 ②将余下的鸡蛋清放碗内,加余下的精盐搅散,放入清水100克、味精搅匀,倒入汤盆内,上笼蒸6~7分钟取出;即为芙蓉蛋。 ③炒锅上火,放熟猪油烧热,倒入虾仁,用筷子搅散,见虾仁挺身、粒粒成形后,滗去锅内余油,加葱末,烹料酒,出锅撒放在芙蓉蛋上即成。

葱烧鲫鱼

此菜鱼肉细嫩,滋味鲜美。含有丰富的优质蛋白质和钙、磷等矿物质。鲫鱼温中补虚、健脾利水,小葱发汗、通二便、下乳汁,是乳母的一种营养保健食品。

【主料】　鲫鱼400克,小葱125克。

【辅料】　酱油30克,精盐2克,白糖、姜末、蒜片各10克,料酒15克,味精少许,花生油300克(约耗50克)。

【制法】　①将鲫鱼去鳞、鳃及内脏,洗净。小葱择洗干净,每三四根打成一个结,放进鱼腹内。②炒锅上火,放入花生油,烧至九成热,放入鲫鱼煎炸透,捞出沥油。③炒锅留适量花生油,置火上烧热,下姜末、蒜片,加酱油、料酒、白糖、精盐和适量清水,把鱼放入锅内,用文火炖30分钟,撒入味精即成。

炒鳝鱼丝

此菜味浓鲜香,含有丰富的蛋白质、脂肪及钙、磷、铁等矿物质和多种维生素。是乳母的佳肴。

【主料】　活鳝鱼500克,玉兰片、葱头、芹菜各25克,香菜50克。

【辅料】　酱油30克,精盐、白糖各2克,味精2克,料酒15克,大蒜5克,水淀粉30克,花生油500克(约耗50克),鲜汤适量。

【制法】　①将鳝鱼头用钉子钉在菜板上,用尖刀划开,剔骨、去内脏、去头尾,取肉200克,切成3厘米长、0.3厘米宽的斜丝,放入碗内。玉兰片、葱头、芹菜均切成丝。香菜切末。蒜拍碎。②将酱油、精盐、味精、料酒、白糖、鲜汤、水淀粉放入碗内,对成芡汁。③炒锅上火,放入花生油,烧至五六成热,下鳝鱼丝,用筷子拨散,随即放入葱头、玉兰片、芹菜丝，迅速用漏勺捞出沥油。 ④原炒锅留油10克置旺火上，下蒜末炝锅，倒入鳝鱼丝，再将对好的芡汁调匀倒入，急速翻炒后，出锅装盘，把香菜末放在盘子的一边即成。

口蘑虾片

此菜虾片洁白鲜嫩，口蘑褐黑味香。富含蛋白质、钙、磷、铁及维生素 A、维生素 B_1、维生素 B_2、尼克酸等多种营养素。虾在水产品中强壮补益作用甚强，具有补肾壮阳、通脉下乳的功效。对于哺乳期乳汁缺乏者，实为食疗佳品。

【主料】 大虾500克，鸡蛋清1个，水发口蘑25克，鲜豌豆25克。

【辅料】 精盐3克，味精1克，料酒10克，干淀粉15克，水淀粉少许，葱白10克，花生油500克(约耗50克)。

【制法】 ①将虾去壳及沙肠，洗净沥水，片成薄片，放入碗内，加入少许精盐和鸡蛋清、干淀粉拌匀上浆。水发口蘑洗净，片成片。葱白切丁。 ②将炒锅置火上烧热，放入花生油，烧至四成热，下入虾片滑熟，倒入漏勺沥油。把原锅置火上，放入花生油25克，下入葱丁、口蘑煸出香味，放入豌豆，加入料酒、余下的精盐、味精及清水少许，倒入虾片炒匀，用水淀粉勾芡，淋入熟油少许，盛入盘内即成。

干煎虾段

此菜红艳油亮，咸香微甜，鲜嫩适口。含有丰富的蛋白质、钙、磷、铁、维生素 E、硫胺素、核黄素、尼克酸等多种营养素。中医认为，虾味甘、性温，有通乳汁等功效。

【主料】 对虾500克。

【辅料】 香油10克,辣酱油15克,白糖30克,精盐、味精各2克,胡椒粉0.5克,葱丝20克,姜丝15克,鲜汤50克,花生油100克(约耗35克)。

【制法】 ①将对虾剪去腿和须,去掉头部的沙包和背部的沙线,每只剁成2段,用清水洗净沥水,用少许精盐、味精、胡椒粉、香油拌腌入味。 ②将白糖、辣酱油和余下的精盐、味精、胡椒粉、香油及鲜汤同放碗内,调成味汁。 ③炒锅置中火上,倒入花生油,烧至五成热,放入虾段煎制。煎时要不停转动炒锅,使虾受热均匀,一面煎好后,再煎另一面。待两面均已煎透,把锅内的余油滗出来,随即下葱丝、姜丝,煸出香味,再倒入调好的味汁,用手勺翻动虾段,并反复晃动炒锅,使味汁全部裹匀在虾段上即成。

西芹炒鲜鱿

此菜口味咸鲜,口感爽脆。富含优质蛋白质、钙、磷、铁、锌、维生素C及粗纤维。鱿鱼为高级滋补强身食品,尤其适合体质虚弱者以及产后气血亏损者食用。

【主料】 西芹250克,鲜鱿鱼150克,鸡蛋清少许。

【辅料】 香油1克,精盐5克,味精2克,白糖1克,小苏打1克,水淀粉5克,蒜茸3克,姜片3克,花生油300克(约耗50克)。

【制法】 ①将鲜鱿鱼收拾干净,斜刀片成片,用小苏打、精盐少许、鸡蛋清、水淀粉少许拌匀上浆。 ②将西芹洗净后,切成菱形块,用油盐水稍焯,捞出沥水。把腌好的鱿鱼稍焯后沥净水,再放入五成热的油内滑油,捞出沥油。 ③将原锅留油少许,加入蒜茸、姜片、西芹、鱿鱼、余下的精盐、味精、白糖,用余下的水淀粉勾芡,淋入香油,盛入盘内即成。

清蒸甲鱼

此菜汁鲜味浓,肉质肥而不腻,含有丰富的蛋白质、脂肪及多种矿物质和维生素,有滋阴补肾之功效。食用甲鱼以500克以上的母甲鱼为佳,母甲鱼甲裙厚、肉肥,味最美。

【主料】 活甲鱼2只(重约1500克),熟火腿、罐头冬笋、水发香菇各25克,猪肥瘦肉100克,干口蘑10克,香菜50克。

【辅料】 熟猪油50克,熟鸡油15克,鲜汤150克,精盐10克,味精3克,料酒25克,白糖1.5克,米醋20克,水淀粉15克,花椒1克,葱10克,姜20克。

【制法】 ①将活甲鱼肚朝上仰放在墩子上,等鱼头伸出时,一手迅速抓住甲鱼头颈,拉紧,另一手持刀,沿壳连头带颈一齐割下(头颈不用),放净血后,放入80℃的热水锅内,上下翻动(嫩甲鱼要掺些凉水),待其外层发白、起皱纹时,捞入温水中,用小刀刮净鱼身上的绿皮及腹下老皮,冲洗干净,剁去爪尖和尾巴,挖去背壳,掏净内脏,再将其各剁成6块,共12块。锅内放入清水,置旺火上烧开,倒入甲鱼块烫一下捞出,在清水中漂洗,去净腥味,并用手挖去四腿附着的黄油。 ②将火腿、冬笋分别切成骨牌片,与水发香菇同入开水锅内烫一下。猪肥瘦肉切成小片。干口蘑用温水泡软,择洗干净,片成片。葱切段。姜一半切片,另一半切成细末。香菜择洗干净。 ③取大扣碗一个,在碗底整齐地码上火腿片、冬笋片和香菇,烫洗过的甲鱼块放在中间,口蘑片放在上面。 ④炒锅上火,放入熟猪油烧热,下葱段、姜片略炸,再下花椒、肉片煸透,加料酒、白糖、精盐、米醋少许、鲜汤烧开,撇去浮沫,倒入扣碗内,用油纸封严碗口,上笼蒸40分钟即烂。上菜时,取出扣碗,揭去油纸,拣出葱、姜、花椒不要,原汤滗入锅内,把甲鱼翻扣在盘内,锅内原汤上火烧开,加入味精,调好口味,用水淀粉勾薄芡,淋熟鸡油,浇在甲鱼上,香菜围于盘边,外带米醋、姜末各一小碟食用。

鸡块汤面

此面鸡块软烂,汤面鲜美。含有丰富的蛋白质、脂肪、碳水化合物、钙、磷、铁、锌和维生素B_1、维生素B_2及尼克酸等多种营养素。具有健脾益气、养血生精、补益五脏、长养肌肉等功效,有很好的补益作用。

【主料】 面条、鸡块各300克。

【辅料】 香油、葱段各10克,精盐4克,味精、大料、桂皮各2克,料酒、姜片各5克。

【制法】 ①将鸡块放入沸水锅内浸烫一下,捞出洗净沥水。 ②炒锅上火,下鸡块,加清水、葱段、姜片、大料、桂皮烧沸后,放料酒,转微火煮30分钟,至鸡块熟烂。 ③将面条下入鸡块汤内煮熟,加精盐、味精,将鸡块、面条和汤盛入放有香油的碗内即成。

馄　饨

此馄饨皮薄、馅鲜、汤醇,色香味俱佳。含有丰富的蛋白质、脂肪、碳水化合物、钙、磷、铁、锌和维生素B_1、维生素B_2及尼克酸等多种营养素。具有益气养血、健脾益胃、养阴生精、补益脏腑、清热利尿之功效，对乳母健身产乳甚为有益，对婴儿合并贫血症、软骨病、佝偻病等有辅助治疗作用。

【主料】　面粉500克，猪肉200克，猪骨头300克，虾皮30克，香菜15克，冬菜10克，紫菜8克，葱花12克。

【辅料】　香油15克，酱油100克，精盐12.5克，胡椒粉2.5克，姜末2克，干淀粉适量。

【制法】　①将面粉放入盆内，加精盐4克、凉水225克和成面团，揉光润，盖上湿布饧20分钟。　②将猪肉剁成末，放入盆内，加凉水85克，充分搅拌，待肉与水融合在一起时，加酱油40克、精盐3.5克搅匀，再加葱花、姜末和香油拌匀成馅。香菜择洗干净，切成小段。紫菜洗净，撕成小块。　③将猪骨头洗净，放入锅内，加清水7500克，用旺火烧沸，撇去浮沫，转微火熬煮1小时，即为馄饨汤。　④把饧好的面团用干淀粉做扑面，擀成约0.1厘米厚的薄片，切成每块边长约9.5厘米的三角形馄饨皮。　⑤取一小摞馄饨皮放在左手手掌中(尖端朝外)，另一只手用筷子挑少许馅放在馄饨皮尖端部位上轻轻一按，使筷子粘上面皮，再往里卷两卷，然后抽出筷子，把卷好馅的面皮两侧合拢捏在一起，即成为中间圆两头尖的馄饨。　⑥碗内放少许酱油、精盐、虾皮、紫菜和冬菜。把馄饨放入滚开的汤锅中，待汤再沸、馄饨漂浮起来即熟。先舀出一些热汤放入盛佐料的碗内，再盛入适量的馄饨，撒上香菜段和胡椒粉即成。

莲花馒头

此馒头形似莲花，暄软适口，味道香甜。能提供人体必需的蛋白质、碳水化合物和较多的维生素和矿物质。面粉蛋白和豆类蛋白混合食用，其营养价值明显提高。

【主料】　面粉500克，面肥150克，果酱75克，豆沙馅200克。

【辅料】　白糖25克，花生油5克，食碱适量。

【制法】　①将面粉放盆内，加面肥、温水250克和成面团。待酵面发起，加入碱液揉匀稍饧。　②炒锅放油置火上，放入适量清水，加白糖，用小火熬，见白糖起泡，下入果酱，熬至果酱发黏时，离火盛入碗内。　③将面团擀成厚0.33厘米、宽20厘米、长度不限的长方形面片，抹上果酱，由上向下卷起，按量切成小剂子，逐个按扁擀成中间稍厚、边缘稍薄的圆皮，放入豆沙馅，收严剂口呈馒头状，在馒头顶端交叉切3刀呈6瓣。全部做好后摆入屉内，用旺火沸水蒸15分钟即成。

三鲜馅水饺

此饺皮薄馅浓，味道鲜美。富含优质蛋白质，微量元素铁、锌及维生素A、维生素C、粗纤维等。

【主料】　面粉250克，猪肉150克，鸡蛋2个，海米20克，韭菜200克，水发木耳50克。

【辅料】　香油15克，酱油20克，精盐4克，葱末10克，姜末5克，花生油少许。

【制法】　①将猪肉切碎，剁成泥。鸡蛋磕入碗内，用少许油炒散，盛入碗内。海米用热水泡发，切成碎末。木耳择洗干净，剁成末。韭菜洗净切碎备用。　②将猪肉泥放入盆内，加入酱油搅拌均匀，再加入清水适量，朝一个方向用竹筷搅打，等肉发黏成稠糊状，加入葱末、姜末、海米末、木耳末、熟鸡蛋、韭菜、精盐、香油拌匀成三鲜馅。　③将面粉放入盆内，加入清水125克和成软硬适度的面团，稍饧，搓成长条，揪成40个剂子，逐个按扁，擀成小圆皮，左手托皮，右手打馅，再用双手把面皮合拢，捏成饺子。　④将锅置火上，加入清水烧沸，下入饺子煮熟，捞入盘内即成。

猪肉白菜包

此包面皮暄软，馅心咸香，风味独特。富含蛋白质、脂肪、碳水化合物及维生素C等多种营养素。

【主料】　面粉250克，猪肉150克，白菜250克，面肥25克，海米30克。

【辅料】　香油40克，甜面酱25克，精盐、食碱、葱末、姜末各少许。

【制法】　①将海米用热水泡发，切成末。猪肉切碎，剁成泥。白菜剁碎，挤干水分。　②将猪肉泥放入盆内，加入海米末、甜面酱、精盐、葱末、姜末及少许水搅拌均匀，再放入香油、白菜拌匀成馅。　③将面粉放入盆内，加入面肥和温水125克和成发酵面团，待酵面发起，加入适量食碱揉匀，搓成条，揪成10个剂子，逐个按扁，擀成圆皮，包上馅，捏成提褶包子生坯，摆入屉内，上笼用旺火沸水蒸15分钟即成。

莲子红枣血糯饭

此饭色泽美观，味道香甜。富含蛋白质、脂肪、碳水化合物及铁、锌、钙、磷等多种营养素。适于产妇、乳母滋补。乳母体弱、乳汁不足，或有贫血等情况，均可经常食用。

孕产妇食谱

【主料】 血糯 70 克，糯米 130 克，罐头糖莲子 50 克，红枣 50 克，糖板油丁 30 克。

【辅料】 白糖 70 克，糖桂花 5 克，熟猪油 70 克，水淀粉 15 克。

【制法】 ①将血糯、糯米一起放入盆内，淘洗干净，加入清水至淹没米 1.5 厘米，浸泡 12 小时，再用清水洗净，加入适量清水放入笼内，置旺火沸水锅上蒸约 45 分钟，再继续焖 15 分钟至熟，加入白糖、熟猪油各 50 克拌匀。 ②取碗，内壁抹匀熟猪油，撒上糖桂花，再把糖莲子、红枣，在碗边整齐地排一圈，中间放糖板油丁，随即把蒸好的糯米饭装碗，放入笼屉内，置旺火沸水锅上蒸 15 分钟，取出翻扣盘内。 ③将炒锅置火上，放入清水 150 克，加入余下的白糖烧沸溶化，用水淀粉勾芡，浇在血糯饭上即成。

什锦炒饭

此饭配料多样，色泽美观，味香适口。含有丰富的蛋白质、碳水化合物、多种矿物质和维生素。

【主料】 大米饭 250 克，猪瘦肉、熟火腿、水发海参各 20 克，水发香菇 5 克，罐头冬笋、罐头青豆各 10 克，鸡蛋 1 个，熟鸡脯肉 15 克。

【辅料】 花生油 35 克，酱油 4 克，料酒、精盐各 2 克，味精 1 克，葱白 4 克。

【制法】 ①将猪肉剁成末。火腿、海参、香菇、冬笋、鸡脯肉均切成石榴子大小的粒。葱白切葱花。鸡蛋磕入碗内打散。 ②炒锅上火，放入花生油 15 克烧热，倒入鸡蛋液，炒熟搅碎倒出。锅内放花生油 20 克烧热，下肉末和葱花煸炒 1

分钟，加酱油和料酒煸炒几下，放入海参、冬笋、香菇、青豆、熟火腿和鸡脯肉，继续煸炒几下，再倒入米饭和炒好的鸡蛋，加精盐、味精炒透，盛入盘内即成。

腊八粥（咸）

此粥配料多样，黏糯适口。含有丰富的蛋白质、脂肪、碳水化合物、钙、磷、铁、锌和维生素 B_1、维生素 B_2、维生素 E、维生素 C 及尼克酸等多种营养素。能养血益气、滋阴补血、健脾开胃、补益心肾、培益五脏、利湿除水，对产后乳少、食欲减退、失血贫血和水肿等，均有很好的补益作用。

【主料】 粳米 250 克，红薯、白果、荸荠、栗子、蚕豆各 25 克，黄豆 15 克，青菜 250 克。

【辅料】 精盐 5 克，味精 1 克，桂皮、大料各 3 克。

【制法】 ①将蚕豆、黄豆均洗净，加水浸泡 10 小时，涨足备用。红薯、荸荠分别去皮，切成小丁。栗子去壳及外皮，切成小丁。白果去壳，剥去心子。青菜择洗干净，切丝。②将粳米淘洗干净，放入锅内，加入蚕豆、黄豆、红薯、荸荠、栗子、白果、桂皮、大料及清水 2000 克，先用旺火烧开，再转微火熬 40 分钟左右，至米粒开花，加入菜丝，再熬煮至米汤黏稠时，加入精盐、味精，搅匀即成。

猪骨西红柿粥

此粥黏糯适口，营养丰富。含有丰富的蛋白质、脂肪、碳水化合物和钙质、胡萝卜素等多种营养素。乳母常食可催奶，小儿多喝此粥可增加钙质，预防软骨病的发生。

孕产妇食谱

【主料】 西红柿3个(重约300克)或山楂50克,猪骨头500克,粳米200克。

【辅料】 精盐适量。

【制法】 ①将猪骨头砸碎,用开水焯一下捞出,与西红柿(或山楂)一起放入锅内,倒入适量清水,置旺火上熬煮,沸后转小火继续熬半小时至1小时,端锅离火,把汤滗出备用。 ②将粳米洗净,放入沙锅内,倒入西红柿骨头汤,置旺火上,沸后转小火,煮至米烂汤稠,放适量精盐,调好味,离火即成。

豌豆粥

此粥色泽褐红,烂而不碎,稀而不澥,沙甜爽口,香味醇厚。含有丰富的蛋白质、碳水化合物及钙、磷、铁、锌等矿物质和多种维生素,具有催乳、下乳之功效。

【主料】 豌豆250克。

【辅料】 白糖、红糖各75克,糖桂花、糖玫瑰各5克。

【制法】 ①将豌豆淘洗干净,放入锅内,加凉水1000克,置旺火上煮沸,撇去浮沫,稍煮后转微火熬,用手勺推搅几下,约熬3小时(用手搓捻豌豆,一捻即成细腻柔软的豆茸而没有硬心,就熬好了)。 ②将糖桂花、糖玫瑰分别用凉开水15克调成汁。食用时,先在碗内放上白糖、红糖,盛入豌豆粥,上面再浇入少许桂花汁、玫瑰汁,用勺搅匀即成。

六、孕产妇常见病症食疗方

（一）妊娠呕吐食疗方

绿豆粥

【主料】　绿豆 50 克，粳米 250 克。
【辅料】　冰糖适量。
【制法】　①将绿豆、粳米分别淘洗干净，放入沙锅内，加入适量清水，置火上烧开，转用文火熬煮成粥。②将冰糖放入粥内，推搅至溶化，盛入碗内即成。
【用法】　佐餐食用。
【功效】　清肝泻热，和胃止呕。适用于呕吐苦水或酸水，肝热反胃妊娠呕吐者。

砂仁粥

【主料】　粳米 100 克，砂仁末 5 克。
【辅料】　白糖适量。
【制法】　①将粳米淘洗干净，放入沙锅内，加入适量清水，置火上烧开，转用文火煮至黏稠。调入砂仁末，用文火煮数开。②食用时，加入白糖调匀，盛入碗内即成。
【用法】　每日早晚温服。
【功效】　暖脾胃，助消化，补中气。适用于脾胃虚弱、妊娠呕吐者。

陈皮藕粉

【主料】 藕粉25克,陈皮3克,砂仁1.5克,木香1克。
【辅料】 白糖适量。
【制法】 ①将砂仁、陈皮、木香研细成末。②将藕粉放入碗内,加入白糖、砂仁末、陈皮末、木香末调匀,用温开水澥开,浇入沸水,调匀即成。
【用法】 佐餐食用。
【功效】 健脾和胃,理气止呕。适用于肝胃不和妊娠呕吐者。

生姜乌梅饮

【主料】 乌梅肉10克,生姜10克。
【辅料】 红糖适量。
【制法】 将乌梅肉、生姜均切碎,加入红糖及清水200克煎汤。
【用法】 每日2次,每次服100克。
【功效】 和胃止呕,生津止渴。适用于肝胃不和妊娠呕吐者。

甘蔗生姜汁

【主料】 甘蔗汁100克。
【辅料】 鲜姜适量。

【制法】 ①将鲜姜洗净,去皮,榨取生姜汁10克。 ②将甘蔗汁、生姜汁混合,隔水烫温。

【用法】 每日3次,每次服30克。

【功效】 清热和胃,润燥生津,降逆止呕。适用于妊娠胃虚呕吐者。

洋参西瓜汁

【主料】 西瓜汁50克。

【辅料】 西洋参3克。

【制法】 将西洋参切片,加水适量,隔水蒸炖,去渣,加入西瓜汁即成。

【用法】 佐餐食用。

【功效】 益气清热,生津止呕。适用于气阴两虚妊娠呕吐者。

红枣姜糖饮

【主料】 红枣30克,生姜15克。

【辅料】 红糖30克。

【制法】 将红枣洗净,生姜洗净切片,同放锅内,加入适量清水及红糖置火上烧开,转用文火熬煮至枣熟烂即成。

【用法】 吃枣喝汤,温服。分2次食用。

【功效】 具有温中健脾,降逆止呕作用。适用于妊娠呕吐。

孕产妇食谱

姜汁牛奶

【主料】　鲜牛奶 200 克。
【辅料】　生姜汁 10 克,白糖适量。
【制法】　将鲜牛奶、生姜汁、白糖混合,煮沸即成。
【用法】　温热服,每日 2 次。
【功效】　益胃,降逆,止呕。适用于妊娠呕吐不能进食者。

白糖米醋蛋

【主料】　鸡蛋 1 个。
【辅料】　白糖 30 克,米醋 60 克。
【制法】　将米醋煮沸,加入白糖溶化,磕入鸡蛋,煮至半熟即成。
【用法】　每日 2 次。
【功效】　健胃消食,滋阴补虚。适用于妊娠呕吐。

砂仁蒸鲫鱼

【主料】　鲫鱼 1 尾(重约 200 克),砂仁 6 克。
【辅料】　生姜 15 克,花生油、精盐、干淀粉各适量。
【制法】　①将鲫鱼去鳞及鳃,剖腹去内脏,洗净。 ②将砂仁切成末,生姜切成细末,同放碗内,用油和精盐拌匀,抹入鱼腹内,用干淀粉加适量水调成糊封住鱼腹切口,放入盘内,用碗盖紧,隔水蒸熟即成。
【用法】　每日 1 次,连食 3~4 天即可见效。

【功效】 醒脾开胃，利湿止呕。适用于脾胃虚弱妊娠呕吐者。

（二） 妊娠水肿食疗方

姜枣龙眼汤

【主料】 红枣30克，龙眼干30克。
【辅料】 生姜25克。
【制法】 将红枣、龙眼干均洗净，生姜洗净切片，同放沙锅内，加入适量清水，置火上烧开，转用文火煮至姜、枣、龙眼熟烂即成。
【用法】 喝汤，温服。每日1次。
【功效】 补肾温阳，利水消肿。适用于重度妊娠水肿。

芡实粥

【主料】 芡实粉30克，核桃肉15克，红枣6个。
【辅料】 白糖少许。
【制法】 ①将核桃肉打碎，红枣洗净去核。把芡实粉用凉开水调成糊状，放入开水锅内搅拌，加入打碎的核桃肉和去核的红枣肉，用文火煮成粥，加入白糖调匀即成。
【用法】 佐餐食用。
【功效】 补肾强腰，健脾利水。适用于肾虚型妊娠水肿。

红小豆山药粥

【主料】 红小豆40克,鲜山药40克。

【辅料】 白糖少许。

【制法】 ①将山药洗净去皮,切成滚刀块。红小豆淘洗干净。 ②将锅置火上,放入清水烧沸,下入红小豆煮开,转用文火煮至八成熟,放入山药,煮至黏稠,加入白糖调匀即成。

【用法】 佐餐食用。

【功效】 健脾清热利湿。适用于脾虚型妊娠水肿。

韭菜粥

【主料】 粳米100克,苡米50克,鲜嫩韭菜20克,杜仲20克。

【辅料】 精盐、味精各少许。

【制法】 ①将杜仲洗净,加水煎煮,滤出药汁,加水再煎,共滤3次,去渣留汁。 ②将粳米淘洗干净,与洗净的苡米一同用药汁熬煮成粥,放入洗净切碎的韭菜,加入精盐、味精调好口味即成。

【用法】 佐餐食用。

【功效】 健脾利湿,补肾安胎。适用于肾虚型妊娠水肿。

红糖煮黑豆大蒜

【主料】 黑豆100克,大蒜30克。

【辅料】 红糖30克。

【制法】 ①将黑豆洗净。大蒜去皮切片。 ②将炒锅置火上，放水1000克煮沸，倒入黑豆、大蒜片，加入红糖，用文火煮至黑豆软熟即成。

【用法】 每日2次，一般服5~7次有效。

【功效】 健脾益胃。适用于肾虚型妊娠水肿。

煮鲫鱼

【主料】 大鲫鱼500克，大蒜1头，大葱2根，陈皮3克，砂仁3克，荜拨3克。

【辅料】 胡椒3克，酱油适量，精盐少许。

【制法】 ①将鲫鱼去鳞及鳃，剖腹去内脏，洗净。葱洗净切碎，大蒜洗净拍碎，剁成泥，与酱油、精盐、陈皮、砂仁、荜拨、胡椒拌匀成药料。 ②将药料放入鲫鱼腹内，加水煮熟，调好口味即成。

【用法】 佐餐食用。

【功效】 温中健脾，行气利水。适用于脾胃虚寒、胸脘痞闷而又兼气滞的妊娠水肿。

鲤鱼头煮冬瓜

【主料】 鲤鱼头1个，净冬瓜100克。

【辅料】 精盐、葱段、姜片各少许。

【制法】 ①将鱼头去鳃洗净。冬瓜洗净切成菱形块。②将炒锅置火上，加入清水1000克烧开，下入鲤鱼头、葱段、姜片略煮片刻，下入冬瓜块，加入精盐待鱼头熟、冬瓜软烂即成。

【用法】 吃鱼头喝汤。每日1次，一般5~7次有效。

【功效】 利水消肿,下气通乳。适用于脾虚型妊娠水肿。

鲤鱼萝卜饮

【主料】 鲤鱼1条(重约500克),白萝卜120克。

【辅料】 精盐、胡椒粉、葱段、姜片各少许。

【制法】 ①将鲤鱼去鳞及鳃,剖腹去内脏,洗净。萝卜洗净切块备用。 ②将炒锅置火上,放入鲤鱼、葱段、姜片稍煮,加入萝卜块煮至鱼熟、萝卜烂,加入精盐、胡椒粉即成。

【用法】 吃鱼、萝卜,取汤代茶饮,每天口服1次,连服10~20天。

【功效】 行气、利水、安胎。适用于气滞湿阻的脘闷腹胀、纳差的妊娠水肿。

陈皮茯苓包

【主料】 茯苓30克,陈皮10克,面粉1000克,面肥300克,大葱500克。

【辅料】 鲜姜末10克,香油、精盐、胡椒粉、食碱各适量。

【制法】 ①将茯苓、陈皮放入锅内,每次加水约250克,煮1小时,共加热煮3次,3次药汁合并滤净成茯苓、陈皮水。 ②将面粉、面肥放入盆内,加入温热陈皮茯苓水,和成发酵面团。待醅面发起,加入食碱揉匀备用。 ③将大葱切碎,放入盆内,加入姜末、精盐、胡椒粉、香油拌匀成馅。 ④将使好碱的发酵面团搓成条,揪成60个剂子,逐个按扁,擀成圆皮,包入大葱馅心,捏成提褶包子,码入屉内,上笼用旺火沸水蒸 12 分钟即成。
【用法】 可供早晚餐作点心食用。
【功效】 健脾理气，除湿利水。适用于气滞湿阻型妊娠水肿。

（三）先兆流产食疗方

安胎鲤鱼粥

【主料】 活鲤鱼 1 条（重约 500 克），糯米 50 克，苎麻根 25 克，菟丝子 12 克。
【辅料】 葱、精盐各少许。
【制法】 ①将鲤鱼去鳞及鳃，剖腹去内脏，洗净，片下两扇鱼肉，再片成鱼片，加水煎汤。 ②取苎麻根、菟丝子放入沙锅内，加水 200 克，煎至汤汁剩 100 克，去渣留汁，放入鱼片汤内，并加入糯米、葱、精盐，用文火煮成粥即成。
【用法】 分 2 次食用，每日 1 剂，3~5 日为一疗程。
【功效】 滋阴清热，补肾安胎。适用于肾虚型先兆流产。

乌鱼鸡米粥

【主料】 母鸡 1 只，乌贼鱼干 1 条，粗糯米 150 克。
【辅料】 精盐适量。
【制法】 将母鸡煺毛，剖腹去内脏洗净，与乌贼鱼干加水同炖至烂，取浓汤，加入粗糯米煮至米熟为度，加入适量精盐调味即成。

【用法】 分次食用。

【功效】 益气养血，安胎宁神。适用于气血虚弱之先兆流产。

山药桂圆粥

【主料】 新出土山药100克，桂圆肉15克，荔枝肉4个，五味子9克。

【辅料】 白糖适量。

【制法】 将山药去皮切片，与桂圆肉、荔枝肉、五味子加适量水同煮成粥，放入白糖溶化，盛入碗内即成。

【用法】 早晚各服1次，可常服。

【功效】 补益心肾，固涩安胎。适用于肾虚之先兆流产。

荷叶粥

【主料】 鲜荷叶1张，粳米100克。

【辅料】 冰糖少许。

【制法】 ①将鲜荷叶洗净，切成3厘米大小的块，放入锅内，加入清水适量，用大火烧沸，转用文火煎煮10~15分钟，去渣留汁。 ②将粳米淘洗干净，放入锅内，加入荷叶汁、清水及适量冰糖熬煮至黏稠即成。

【用法】 佐餐食用。

【功效】 清热安胎。适用于血热所致的阴道出血、血色鲜红、口干咽燥的病人。

荸荠豆浆

【主料】　生豆浆 250 克，荸荠 5 个。
【辅料】　白糖 25 克。
【制法】　①将荸荠洗净去皮，放入沸水锅内烫 1 分钟，捣茸放入净纱布内绞汁备用。　②将生豆浆放入锅内，用中火烧沸，加入荸荠汁，待再沸，盛入碗内，加入白糖调匀即成。
【用法】　当茶饮。
【功效】　清润凉血。适于血热所致的出血症患者长期服用。

木耳芝麻茶

【主料】　黑木耳 60 克，黑芝麻 15 克。
【辅料】　白糖适量。
【制法】　①将黑木耳 30 克放入锅内，用中火不断翻炒，炒至略带焦味时起锅。黑芝麻炒香。　②将炒锅置火上，放水 1500 克，放入生、熟木耳和黑芝麻，用中火煮约 30 分钟，起锅过滤，装入器皿内。饮用时，加入白糖，搅至溶化即成。
【用法】　每次饮用 100~120 克，可加白糖 20~25 克。
【功效】　润肠通便，凉血、止血、安胎。适用于胎漏、胎动不安，由血热引起伴有口干便秘的孕妇。

艾叶鸡蛋汤

【主料】　艾叶 50 克，鸡蛋 2 个。

【辅料】 白糖适量。
【制法】 将艾叶洗净,加入适量清水煮汤,打入鸡蛋煮熟,加入白糖煮至溶化即成。
【用法】 每日晚睡前服用。
【功效】 温肾安胎。适用于习惯性流产。

阿胶蛋黄羹

【主料】 鸡蛋1个,阿胶9克。
【辅料】 精盐少许。
【制法】 将鸡蛋磕入碗内搅匀,加入清水一碗上火蒸沸,加入阿胶溶化,用精盐调味即成。
【用法】 佐餐食用。
【功效】 益气养血,固涩安胎。适用于气血虚弱之先兆流产。

黄酒蛋黄羹

【主料】 鸡蛋黄5个,黄酒50克。
【辅料】 精盐少许。
【制法】 将鸡蛋黄、黄酒放入碗内,加入清水适量调匀,放入精盐少许,上笼蒸1小时即成。
【用法】 一顿或分顿食用。
【功效】 温补肝肾,安胎。适用于先兆流产。

香油蜜膏

【主料】 新鲜蜂蜜200克。

【辅料】 香油 100 克。
【制法】 将香油、蜂蜜放入锅内,用文火加温,调匀即成。
【用法】 每日 2 次,每次 10 克。
【功效】 补脾胃,益中气,解热毒,通燥结。适用于解毒保胎、胎漏而大便燥结者,亦适用于妊娠中毒症。

山药扁豆糕

【主料】 山药 200 克,扁豆 50 克,红枣 500 克。
【辅料】 陈皮 3 克。
【制法】 ①选取新山药洗净去皮,入笼蒸熟,捣成泥。陈皮切丝。选取新鲜扁豆洗净切碎。红枣洗净,用刀拍破,去核切碎,入笼蒸烂,碾压成茸。 ②将山药泥、切碎的扁豆和红枣茸同入盆内,共同和匀,放入笼屉上,做成糕,上面撒上陈皮丝,用旺火蒸 20 分钟即成。
【用法】 佐餐食用。
【功效】 健脾益胃,养血安胎。适用于脾肾不足所致的胎漏、胎动不安。

(四) 产后缺乳食疗方

鲢鱼小米粥

【主料】 活鲢鱼 1 条(重约 500 克),小米 100 克,丝瓜仁 10 克。

【辅料】　精盐适量。
【制法】　①将活鲢鱼去鳞及鳃，剖腹去内脏，洗净。小米淘洗干净。②将小米放入锅内，加入清水适量，用大火烧沸，下入鱼及丝瓜仁同煮至熟，加入精盐调味即成。
【用法】　空腹吃鱼喝粥。
【功效】　通经下乳。适用于产后乳少。

黑芝麻粥

【主料】　黑芝麻25克，粳米100克。
【辅料】　精盐少许。
【制法】　将黑芝麻捣碎，粳米淘洗干净，同放锅内，加入适量清水，熬煮成粥，加入精盐调味即成。
【用法】　每日2~3次。
【功效】　补肝肾，润五脏。适用于产后乳汁不足。

豌豆粥

【主料】　豌豆50克。
【辅料】　白糖适量。
【制法】　将豌豆洗净，放入锅内，加入适量清水烧沸，转用文火煮熟，加入白糖调匀即成。
【用法】　空腹食用，每日2次。
【功效】　下乳。适用于产后乳少。

黄酒鲜虾汤

【主料】 新鲜大虾 100 克。
【辅料】 黄酒 20 克,精盐少许。
【制法】 将大虾剪去须足,加入清水煮汤,加入黄酒、精盐调味即成。
【用法】 每日 2 次。吃虾喝汤。
【功效】 下乳。适用于产后体虚、乳汁不下。

黄酒炖鲫鱼

【主料】 活鲫鱼 2 尾(重约 500 克)。
【辅料】 黄酒、精盐各适量。
【制法】 将活鲫鱼去鳞及鳃,剖腹去内脏,洗净,放入锅内,加入清水,煮至半熟,再加入黄酒、精盐煮熟即成。
【用法】 吃鱼喝汤,每日 1 次。
【功效】 通气下乳。适用于产后气血不足,乳汁不下。

莴笋拌蜇皮

【主料】 莴笋 250 克,海蜇皮 200 克,大葱 50 克。
【辅料】 香油 20 克,精盐 7 克,味精 1 克。
【制法】 ①将莴笋去皮,洗净切丝,放入碗内,加入精盐 5 克拌匀,腌渍 15 分钟,挤出水分。 ②将海蜇皮用清水浸泡,洗净泥沙捞出,切成细丝,用开水焯烫,用冷水冲凉。葱切丝备用。 ③将海蜇丝、莴笋丝放入盘内,加入余下的精盐和味精拌匀。把炒锅置火上，放入香油烧热，下入葱丝炸香，浇在海蜇丝、莴笋丝上，拌匀即成。

【用法】 佐餐食用。

【功效】 补气，益血，通乳。适用于产后气血虚弱所致的乳汁不足。

黄豆花生炖猪蹄

【主料】 猪蹄2只（重约400克），花生仁60克，黄豆60克。

【辅料】 葱段、姜片、精盐各适量。

【制法】 ①将猪蹄去毛洗净，花生仁、黄豆均淘洗干净。②将猪蹄、花生仁、黄豆同放沙锅内，加水适量、葱段、姜片，置火上烧开，转用小火炖至猪蹄烂熟，加入精盐调味即成。

【用法】 佐餐食用，常服。

【功效】 补气养血，通乳。适用于产后气血虚弱之乳少。

丝瓜猪蹄汤

【主料】 丝瓜250克，猪蹄1只，香菇50克，豆腐250克。

【辅料】 葱段、姜片、精盐各适量。

【制法】 ①将猪蹄去毛洗净，用沸水焯一下备用。丝瓜洗净，切成菱形块。豆腐切成三角形厚片。 ②将猪蹄、香菇放入沙锅内，加入清水、葱段、姜片烧沸，转用文火炖至将熟，加入精盐调味，下入丝瓜、豆腐煮熟即成。

【用法】 一日分3次服食，连服5天。

【功效】 理气活血，通络下乳。适用于气血盛实、经脉阻塞所致的乳汁不下、乳房胀痛。

黄花肉饼

【主料】 黄花菜15克，猪瘦肉200克。

【辅料】 酱油15克，精盐3克，香油3克，水淀粉20克，葱末10克，姜末5克。

【制法】 ①将黄花菜用热水泡发，去蒂切末。猪瘦肉剁成泥备用。 ②将猪瘦肉泥、黄花菜末放入盆内，加入酱油、精盐、葱末、姜末、水淀粉、香油及适量清水搅成稠糊状，放入盘内摊平，上笼蒸熟即成。

【用法】 佐餐食用。

【功效】 补虚发乳。适用于产后气血两虚之缺乳。

（五）产后腹痛食疗方

红糖山楂生姜饮

【主料】 焦山楂12克，生姜3片。

【辅料】 红糖30克。

【制法】 将红糖、焦山楂、生姜同放碗内，用沸水冲泡片刻即成。

【用法】 当茶饮，每日1次。

【功效】 适用于产后腹疼。

胡椒红糖茶饮

【主料】 胡椒 1.5 克,茶叶 3 克。
【辅料】 红糖 15 克。
【制法】 将胡椒、茶叶、红糖同放碗内,用沸水冲泡即成。
【用法】 当茶饮,每日 1 次。
【功效】 适用于产后腹疼。

山楂红糖米酒煎汤

【主料】 山楂肉 15 克。
【辅料】 红糖 50 克,米酒 25 克。
【制法】 将锅置火上,放入米酒、红糖、山楂肉及适量水熬煮片刻即成。
【用法】 当茶饮,每日 2~3 次,连服 7 日。
【功效】 适用于产后腹疼。

荠菜汤

【主料】 鲜荠菜 50 克。
【辅料】 白糖 50 克。
【制法】 将荠菜择洗干净,切碎,放入锅内,加入白糖炒香,加入清水适量,熬煮成汤。
【用法】 吃菜喝汤。每日 1 次。
【功效】 适用于产后腹疼。

红糖煮鸡蛋

【主料】 鸡蛋2个。
【辅料】 红糖30克。
【制法】 将炒锅置火上,放入清水少许,下入红糖熬至溶化,磕入鸡蛋煮至蛋熟即成。
【用法】 当点心食用。1次吃下,每日1次。
【功效】 适用于产后腹疼。

马齿苋饮

【主料】 生马齿苋100克。
【辅料】 蜂蜜少许。
【制法】 将马齿苋择洗干净,放入锅内,加入适量清水,置火上烧开,转用文火煮一会儿,再加入少许蜂蜜同煮几沸即成。
【用法】 放温食用。
【功效】 适用于产后腹疼。

红糖酒

【主料】 黄酒250克。
【辅料】 红糖200克。
【制法】 将锅置火上,放入黄酒烧开,加入红糖继续煮30分钟,倒出放凉即可饮用。
【用法】 分2次饮用,中间间隔3小时。

【功效】 适用于产后受寒腹疼者。

清蒸木耳猪肉

【主料】 黑木耳30克，猪瘦肉100克。
【辅料】 香油3克，酱油10克，精盐2克，味精1克，葱末5克，姜末3克，水淀粉10克。
【制法】 ①将黑木耳用温水泡发，择洗干净，撕成小朵。猪肉切成小片，用酱油、精盐、味精、香油、葱末、姜末、水淀粉及少许水拌匀上浆，再加入木耳拌匀，同放盘内。 ②将放入盘内的木耳猪肉片放入蒸笼内，用旺火沸水蒸30分钟即成。
【用法】 佐餐食用。每日1次。
【功效】 适用于血虚有瘀型产后腹疼。

姜汁牛肉饭

【主料】 新鲜牛肉150克，鲜姜片30克，粳米150克。
【辅料】 香油10克，酱油15克。
【制法】 ①将牛肉洗净剁成泥，放入碗内，用香油、酱油拌匀，再把姜片挤出姜汁，放入牛肉泥内拌匀备用。 ②将粳米淘洗干净，放入大碗内，加入适量清水上笼蒸至八成熟时，把拌匀的姜汁牛肉泥倒在上面，继续蒸10分钟，饭熟即成。
【用法】 佐餐食用。
【功效】 适用于产后体虚、受寒腹疼。

(六) 产后便秘食疗方

当归芝麻糊

【主料】 黑芝麻90克,杏仁60克,粳米90克。
【辅料】 当归12克,白糖适量。
【制法】 将黑芝麻、杏仁、粳米均淘洗干净,用冷水泡涨,加水磨成糊状。加入当归、白糖熬煮成糊状即成。
【用法】 每日1次,连服5日。
【功效】 养血润肠通便。适用于产后血虚之便秘。

何首乌煲鸡蛋

【主料】 鸡蛋2个。
【辅料】 何首乌50克。
【制法】 将何首乌、鸡蛋同放锅内,加水适量同煮,熟后去壳取蛋,再放入锅内煮片刻,弃何首乌渣即成。
【用法】 食鸡蛋喝汤。
【功效】 补血润肠通便。适用于产后血虚之便秘。

黄芪蜂蜜芝麻粥

【主料】 粳米60克,芝麻20克。
【辅料】 黄芪20克,蜂蜜40克。
【制法】 将黄芪放入锅内,加水煮30分钟去渣留汁。芝麻捣碎，与淘洗干净的粳米同放黄芪汁中，用小火煮至粥熟，调入蜂蜜稍煮即成。

【用法】 佐餐食用。

【功效】 健脾补中，润肠通便。适用于产后气虚之便秘。

海蜇荸荠汤

【主料】 海蜇200克，荸荠200克。

【辅料】 精盐少许。

【制法】 将海蜇用清水漂洗干净，切成丝状，荸荠洗净去皮，同放锅内，加入清水适量，用旺火烧开，转用文火煎煮20分钟，加精盐调味即成。

【用法】 吃海蜇、荸荠，喝汤。每日1次。

【功效】 清热养阴，润肠通便。适用于产后阴虚火旺之便秘。

凉拌海蜇皮

【主料】 海蜇200克，白萝卜300克，海米50克。

【辅料】 香油10克，酱油5克，醋5克，精盐2克，味精1克，白糖1克。

【制法】 ①将海蜇用清水漂洗干净，切成细丝。萝卜洗净去皮，切成丝，用少许精盐拌匀。海米洗净，用热水泡软。②将泡海米的水及腌萝卜的水倒入锅内，煮开，把海米及海蜇下锅氽一下捞出，放在萝卜丝上，加入余下的精盐和酱油、味精、白糖、醋、香油拌匀即成。

【用法】 佐餐食用。

【功效】　清热凉血，滋阴生津，润肠通便。适用于产后阴虚火旺之便秘。

白蜜枣

【主料】　红枣 50 克。
【辅料】　白蜜 100 克。
【制法】　将红枣洗净去核，与白蜜拌匀即可。
【用法】　1 日 3 次，每次食枣 5 个。
【功效】　适用于产后便秘。

麻仁粳米粥

【主料】　芝麻 20 克，粳米 50 克。
【辅料】　白糖适量。
【制法】　将粳米、芝麻分别淘洗干净，同放锅内，加入适量清水，置火上烧沸，转用文火熬煮成粥，加入白糖调匀即成。
【用法】　1 日 2 次，通便后自停。
【功效】　适用于产后便秘。

（七）产后贫血食疗方

花生枸杞鸡蛋

【主料】　花生仁 100 克，鸡蛋 2 个，枸杞子 10 克，大红枣 10 个。

【辅料】 红糖 50 克。

【制法】 将花生仁、枸杞子、红枣洗净，同放锅内，加入适量清水，置火上烧沸，加入红糖熬至溶化，磕入鸡蛋，煮至原料熟烂即成。

【用法】 喝汤，吃枸杞子、红枣、花生仁、鸡蛋。每日1次，连食 15~30 天。

【功效】 适用于产后贫血。

枸杞黑豆红枣汤

【主料】 生猪骨（或羊骨、牛骨）250 克，枸杞子 15 克，黑豆 30 克，大红枣 10 个。

【辅料】 调味料（红糖、精盐等）甜咸随意。

【制法】 将猪骨洗净，敲成两半，放入锅内，加入清水适量，置火上烧开，加入洗净的枸杞子、黑豆、红枣，一同煮至烂熟，调味即成。

【用法】 喝汤，吃枸杞子、红枣、黑豆。每日1次，连食 15~30 天。

【功效】 适用于产后贫血。

花生米煮红枣

【主料】 花生米 100 克，大红枣 50 克。

【辅料】 红糖 50 克。

【制法】 将花生米、红枣均洗净，同放锅内，加水煮 30 分钟，再加入红糖，待红糖溶化，收汁即成。

【用法】 随时吃。

【功效】 具有补气生血的作用。可作为产后贫血辅助治疗食物。

龙眼肉粥

【主料】 龙眼肉155克，大红枣15个，粳米50克。

【辅料】 红糖少许。

【制法】 将龙眼肉、红枣均洗净，粳米淘洗干净，同放锅内，加入适量清水，置火上烧开，转用文火熬至黏稠，加入红糖调味即成。

【用法】 佐餐食用。

【功效】 具有养心安神、健脾补血的作用。适用于产后贫血、心悸失眠、体质虚弱者。

瘦肉阿胶汤

【主料】 猪瘦肉100克，阿胶10克。

【辅料】 精盐、葱段、姜片各适量。

【制法】 将猪肉切成小块，放入沙锅内，加入葱段、姜片及清水适量，置火上烧开，转用文火炖至熟烂，再放入阿胶炖化，加入精盐调味即成。

【用法】 吃肉喝汤。隔日1次，连食20天。

【功效】 适用于产后贫血。

孕产妇食谱

生姜当归羊肉汤

【主料】 羊肉250克,山药30克,当归15克,生姜15克。

【辅料】 精盐、胡椒粉、醋、香油、葱花、香菜段各少许。

【制法】 ①将羊肉切成小块,山药去皮切滚刀块,姜切片,当归用纱布包好,同放沙锅内,加入清水适量,置火上烧开,转用文火炖至羊肉熟烂。 ②将精盐、胡椒粉、醋、香油、葱花、香菜段放入碗内调匀,倒入羊肉汤锅内,调匀即成。

【用法】 吃肉喝汤。每周3~4次,连食30天。

【功效】 适用于产后贫血。

红枣枸杞炖鸡汤

【主料】 老母鸡1只,红枣15克,枸杞子10克。

【辅料】 生姜3克。

【制法】 将老母鸡开膛去内脏洗净。把洗净的红枣、枸杞、生姜塞入鸡腹内,放入沙锅,加入清水适量,置火上烧开,转用文火煮至烂熟即成。

【用法】 食肉喝汤。

【功效】 具有补血、扶亏的作用。适用于产后贫血。

附表

附表1 孕妇乳母所需营养素每日供给量标准（轻体力劳动）

营养素	孕早期	孕中期	孕晚期	哺乳期
热能(千焦)	9630	10470	10470	12980
蛋白质(克)	70	85	95	95
钙(毫克)	800	1000	1500	1500
铁(毫克)	18	28	28	28
锌(毫克)	15	20	20	20
硒(微克)	50	50	50	50
碘(微克)	150	175	175	200
维生素A(国际单位)	800	1000	1000	1200
维生素D(微克)	5	10	10	10
维生素E(毫克)	10	12	12	12
维生素B_1(毫克)	1.4	1.8	1.8	2.1
维生素B_2(毫克)	1.4	1.8	1.8	2.1
烟酸(毫克)	14	18	18	21
维生素C(毫克)	60	80	80	100

注：营养学所用的热量计量单位和物理学一样也是焦（耳），或者千焦（耳）。过去通常用卡，或千卡（大卡）。这两者的关系是每千卡（大卡）等于4.1868千焦（耳）。

附表 2 孕产妇各阶段每日食物构成推荐品种及数量

阶段	主粮	动物类食品	蛋类	牛奶或豆制品	蔬菜	水果	植物油
孕早期	稻米、面粉 200~250克 小米、玉米、燕麦、豆类 25~50克	畜、禽、肉类、肝脏、水产品 150~200克	鸡蛋、鸭蛋、松花蛋 50克	牛奶 250克	其中绿叶或绿色蔬菜占2/3 500克	时令水果 200克	豆油、花生油、香油、菜油、玉米油等 20克
孕中期	米、面 400~500克	畜、禽、鱼肉类 100~150克 动物肝脏 50克（每周1~2次）	鸡蛋 (1~3个) 50~150克	豆制品 50~100克	新鲜蔬菜（以绿叶蔬菜为主） 500克	时令水果 200克	植物油 30~40克
孕晚期	米、面 400~500克	畜、禽、鱼肉类 200克 动物肝脏 50克（每周1~2次）	鸡蛋 (1~3个) 50~150克	牛奶 250克 豆制品 50~100克	新鲜蔬菜（以绿叶蔬菜为主） 500~750克	时令水果 200克	植物油 30~40克
产褥期	米、面、小米 500~600克	瘦肉、鸡、鸭、鱼、虾 150~200克 动物肉脏 50~100克	鸡蛋 (3~4个) 150~200克	牛奶 250克 豆类及豆制品 100克	蔬菜 500~750克		植物油 25克
哺乳期	米、面、杂粮 500~600克	鸡、鱼、虾、排骨、瘦肉、肝脏 250~300克	鸡蛋 (3~4个) 150~200克	牛奶 250~500克 豆类及豆制品 50~100克	其中绿叶蔬菜占1/2以上 500~750克	水果 100~200克	植物油 30克

附表 3-1　孕产妇食用的部分食物热能和营养素含量

(100 克含量)

热能(千焦)		蛋白质(克)		脂肪(克)	
植物油	3770	猪肋排	14.8	植物油	100
芝麻酱	2580	猪 蹄	21	稀奶油	55.5
核 桃	2960	猪腿肉	17.7	芝麻酱	52.9
生花生米	1130	猪 肝	20.6	花 生	48.7
绵白糖	1500	猪 肾	15.6	核 桃	66.8
籼米(标二)	1470	火 腿	16.4	黑芝麻	46.3
糯米(标二)	1410	牛瘦肉	20.3	猪肋排	25.7
面粉(标准)	1430	羊 肉	18.2	猪蹄髈	23
小 米	1520	整鸡(无内脏)	16.6	猪 蹄	21.6
玉 米	1320	鸡 胸	19.8	火 腿	51.4
黑芝麻	2350	鸡 蛋	12.1	羊 肉	13.3
绿 豆	1360	鹌鹑蛋	13.5	整鸡(无内脏)	14.1
红小豆	1350	鸭 蛋	8.7	整鸭(无内脏)	33.4
豆 沙	1020	皮 蛋	12.5	鸡蛋(白壳)	10.5
豆腐干	690	全脂奶粉	24.1	鸭 蛋	13.3
挂 面	1400	鲫鱼	21.5	带 鱼	16.3
猪肋排	1240	小黄鱼	18.7	青 鱼	5.8
猪 蹄	1160	带 鱼	17.1	河 蟹	6.3
猪 肝	530	对 虾	20.6	油面筋	6.9
火 腿	2210	河 虾	17.5	油豆腐	18.2
羊 肉	840	河 蟹	16.7	油 条	17.6
牛瘦肉	600	海 蟹	15.1	百叶(薄)	18.7
整鸡(无内脏)	840	海 蛋	4.7	红小豆	7.2
鸡 胸	640	鳝鱼丝	15.4	黄 豆	18.8
鸡蛋(白壳)	640	干 贝	63.7	上海腐乳	8.1
全脂奶粉	2110	芝麻酱	20	豆腐皮	26.1
牛 奶	230	黄 豆	32.4	豆腐干	9.5
鲫 鱼	560	绿 豆	24.3	香 干	5
带 鱼	900	红小豆	20.1	腐 竹	23.7
虾 皮	460	豆腐干	19.6	臭豆腐	5.7

附表3-2 孕产妇食用的部分食物热能和营养素含量

(100克含量)

碳水化合物(克)		钙(毫克)		铁(毫克)	
籼米(标一)	75.4	虾皮	2000	猪肝	31.2
粳米(标二)	76.6	河虾	221	猪肾	6
糯米(标二)	76.7	带鱼	61	鸡肝	8.2
面粉(富强)	72.9	小黄鱼	175	鸡血	21.2
面粉(标准)	70.1	水发海带	1419	鸡蛋(白壳)	1.9
玉米(黄、干)	61	紫菜	229	小黄鱼	1.2
小米	72.8	火腿	88	海蜇皮	8.8
红薯	29.5	咸鸭蛋	112	黑芝麻	15.7
豆沙	51	鸡蛋(白壳)	59	黄豆	9.2
挂面	70	芝麻酱	870	绿豆	6.9
富强粉馒头	48.8	黑芝麻	2013	红小豆	5.8
油面筋	59.6	核桃	119	豆沙	8
绿豆	54.5	黄豆	426	豆腐干	5.4
红小豆	44.1	红小豆	188	籼米(标二)	2.4
黄豆	20.9	绿豆	168	紫米	3.9
香干	7.3	百叶(薄)	131	面条	4
粉丝	79.3	油豆腐	100	黑木耳	101
粉皮	15.86	北豆腐	138.5	海带	25.1
桂花藕粉	85.3	黑木耳	210	桂花藕粉	20.8
绵白糖	88.9	刀豆	115	藕	1.8
豌豆	11.4	雪里蕻	198.8	胡萝卜(红)	4.1
毛豆	12.1	青菜	262	雪里蕻(咸)	6
芋艿	17.1	菠菜	162	菠菜	5.7
土豆	15.76	蕹菜	140	蕹菜	3.3
山药	9.3	鸡毛菜	245	鸡毛菜	13.9
马蹄	12.35	卷心菜	228	卷心菜	4.5
藕	16.5	荠菜	175	荠菜	5.1
枣	63	小葱	225	韭菜	2.5
干香菇	59.3	韭菜	120	芹菜	2.2
黑木耳	65.5	芹菜	187	苋菜	15.7

附表 3-3 孕产妇食用的部分食物热能和营养素含量

(100克含量)

锌(毫克)		硒(微克)		碘(微克)	
鲫鱼	2.19	海蟹	98	海带	10509.4
鳝鱼丝	2.38	河蟹	56.72	紫菜	4530
墨鱼	1.72	海蜇	98	黑木耳	2612.15
河蟹	3.11	蛏子	89.04	香菇	3920
海虾	1.77	河虾	71.91	莲子	4602.3
整鸡(无内脏)	1.05	带鱼	44.42	蘑菇	80.5
鸡腿	1.69	墨鱼	47.98	黄花菜	131.61
酱鸭	2.69	大黄鱼	33.62	鸡蛋	3804
鸡蛋(白壳)	2.56	鳝鱼丝	35.35	鸭蛋	3666.3
鸭蛋(咸)	2.29	鲫鱼	23.62	籼米	2277.39
全脂奶粉	1.55	花鲢鱼	13.61	粳米	1896.34
猪肋排	2.64	猪肾	48.35	糯米	1396.89
猪腿肉	5.59	猪肝	25.21	玉米	515.43
猪蹄	2.78	猪肚	13.9	红小豆	2393.67
猪肾	2.75	猪舌	12.7	绿豆	6210
猪肝	8.53	猪腿肉	12.26	蚕豆	2324
猪肚	1.65	猪肋排	11.05	土豆	100
火腿肠	2.38	猪蹄髈	10.95	红薯	35
羊肉	3.98	猪夹心肉	9.4	柑橘	516.25
黑芝麻	4.42	羊肉	8.12	青萝卜	80
红小豆	3.75	整鸡(无内脏)	10.15	红萝卜	41.2
绿豆	3.2	鸡腿	9.2	白萝卜	29.37
百叶(薄)	3.01	酱鸭	15.74	菜花	58.68
豆腐干	1.76	鸡蛋(白壳)	20.85	苋菜	49.5
油面筋	2.29	鸭蛋(咸)	36.55	雪里蕻	46.4
面粉(标准)	1.77	面粉(富强)	20.19	韭菜	36.8
玉米(黄、干)	1.35	面粉(标准)	12.73	丝瓜	36.6
粳米(特二)	1.15	蘑菇	10.44	小白菜	49.7
紫菜	2.31	香菇(鲜)	12.68	青椒	119.16
水发海带	1.81	黄瓜	13.58	四季豆	32.4

附表3-4 孕产妇食用的部分食物热能和营养素含量

(100克含量)

维生素A(国际单位)		维生素D(微克)		维生素E(毫克)	
鸡肝	50900	鸡蛋	1.25~1.5	葵花籽油	49
羊肝	29900	小虾	3.75	花生油	13
牛肝	18300	沙丁鱼	28.75~39.25	玉米油	11
鸭肝	8900	鲑鱼	3.85~13.75	豆油	10
猪肝	8700	鲱鱼	7.875	花生	10
黄油	2700	鱼肝油	200~750	黑芝麻	5.14
奶油	830	奶油	1.25	绿豆	8.59
鸡蛋	1400	黄油	0.875	红小豆	8.3
鸭蛋	1380	牛奶	0.008~0.01	豆腐干	6.39
皮蛋	940	鸡肝	1.25~1.675	豆沙	4.37
鹌鹑蛋	1000	猪肝	1.1	毛豆	8.03
鸡蛋黄	3500	牛肝	0.225~1.05	油面筋	4.76
蛋糕(蒸)	465	羊肝	0.425~0.5	面粉(标准)	1.35
蛋糕(烤)	489	大比目鱼	1.1	玉米(黄,干)	2.218
整鸡(无内脏)	41			鸡蛋(白壳)	2.48
鸡翅膀	47			鸭蛋	9.34
盐水鸭(熟)	35			皮蛋	2.06
羊肉	24			全脂奶粉	2.19
无衣小红肠	316			鲫鱼	3.26
全脂奶粉	358			花鲢鱼	2.61
牛奶	140			海虾	3.77
河蟹	5960			鳝鱼丝	1.1
黄鳝	3000			猪肝	2
田螺	1721			牛肉	1
牡蛎	1500			菠菜	3.94
带鱼	483			生菜	2.67
海鳗鱼	30			蕹菜	1.6
对虾	360			香菜	1.57
麦乳精	299			青椒	1.49
核桃仁	88.1			紫菜	1.54

附表 3-5　孕产妇食用的部分食物热能和营养素含量

(100克含量)

硫胺素(毫克)		核黄素(毫克)		维生素 B_6(毫克)	
糙　米	0.34	羊　肝	3.75	牛　肝	0.84
粳　米	0.24	牛　肝	2.3	鸡　肝	0.75
籼米(二)	0.22	鸡　肝	1.68	牛　肉	0.44
小　米	0.57	猪　肝	2.75	猪　肉	0.32
玉　米	0.34	猪　肾	1.92	鸡　肉	0.32~0.68
面粉(标准)	0.45	猪夹心肉	0.2	鸡　蛋	0.25
红小豆	0.12	猪肋排	0.24	鱼	0.43~0.96
绿　豆	0.12	猪腿肉	0.22	蟹	0.30
豌　豆	0.47	鸡　蛋	0.31	牛　奶	0.3
蚕　豆	0.47	牛　奶	0.13	全麦粉	0.40~0.70
发芽豆	0.30	鳝鱼	0.96	黄　豆	0.81
红皮红薯	0.14	河蟹	0.71	扁　豆	0.56
水泡青豆	0.296	紫米	0.12	甜　薯	0.22
黄豆芽	0.17	黄　豆	0.25	核　桃	0.73
花生米	1.03	红小豆	0.16	花生仁(炒)	0.40
核桃仁	0.33	青　豆	0.12	葵花籽	1.25
芝麻酱	0.24	毛　豆	0.16	土　豆	0.14
猪夹心肉	0.45	豌　豆	0.13	胡萝卜	0.70
猪腿肉	0.53	蚕　豆	0.32	柿子椒	0.26
猪肋排	0.31	紫　菜	1.14	菠　菜	0.28
猪　肾	0.34	海　带(水发)	0.37	香　蕉	0.35
猪　肝	0.4	蘑　菇	0.37	橘　子	0.05
羊　肝	0.42	金针菇	0.12		
牛　肝	0.39	雪里蕻	0.14		
鸡　肝	0.38	菠　菜	0.13		
鸭　蛋	0.15	苋　菜	0.16		
鸡　蛋	0.16	荠　菜	0.19		
咸鸭蛋	0.18	韭　菜	0.13		
紫　菜	0.44	香　菜	0.18		
金针菇	0.13	菜　花	0.11		

附表3-6 孕产妇食用的部分食物热能和营养素含量

(100克含量)

维生素B$_{12}$(微克)		烟酸(毫克)		抗坏血酸(毫克)	
牛 肝	60~80	猪腿肉	5.2	青柿子椒	89
牛 肾	30	猪 肝	15.7	豌豆苗	89
猪 心	25	猪 肾	11.9	小白菜(青口)	59.4
虾	5	羊 肉	3.2	油 菜	49
火 腿	0.6	鸡脯肉	10.8	香 椿	47.6
鸡 肉	0.4~0.5	整鸡(无内脏)	4	菜 花	46.6
鸡 蛋	0.4	带 鱼	2.9	雪里蕻	70.6
牛 奶	0.3~0.4	鲫 鱼	2.7	香 菜	43
干 酪	0.2~2	河 虾	1.9	青 蒜	54.6
臭豆腐	1.88~9.8	粳 米	2.2	豇 豆	20
豆 豉	0.182	籼 米	2.1	土 豆	34
黄 酱	0.024	面粉(标准)	2.7	萝 卜	23
		面粉(富强)	1.8	菠 菜	36
		玉米面(白)	2.5	鸡毛菜	27
		玉米面(黄)	2	卷心菜	33
		油 条	11	荠 菜	68
		黑芝麻	7.3	韭 菜	18
		油面筋	1.6	蒜 苗	34.8
		红小豆	2.89	苋 菜	29
		绿 豆	2.5	西红柿	24
		豇 豆	1.5	冬 瓜	19
		豌 豆	3.1	白 菜	20
		蚕 豆	2.6	草 莓	68
		扁 豆	1.3	山 楂	61.4
		发芽豆	2.3	甜 橙	54
		土 豆	1.1	广 柑	39.4
		蘑 菇	4.5	柠 檬	40
		金针菇	3.7	金 糕	23
		香 菜	3.4	鸭 梨	4
		蕹 菜	1.1	苹 果	2~6

附表4　孕产妇日常饮食宜忌表

生理阶段	宜忌原则	宜食食物	忌食食物
孕早期	怀孕后的前三个月为初期。半数以上孕妇在妊娠5~6周开始有轻度恶心、呕吐、厌食、偏食等现象。这时期的膳食以容易消化为原则，避免油腻	晨起后吃些碳水化合物食品，如烤馒头干、面包干、窝头片、饼干等 由于呕吐损失了消化液和水分，要增加饮水量。还可多吃带酸味、含钙多的食品，如话梅、山楂、酸菜、橄榄、梅子等 呕吐严重者，多吃蔬菜、水果，以防酸中毒 两餐间喝些淡茶水或饮料	限制咸辣食品，过多的盐分会增加肾脏负担，引起高血压、浮肿等。少吃刺激性强的食物、饮料，饮茶宜淡不宜浓，不吃生冷食物
孕中期	怀孕后的4~7个月为中期。这时胎儿生长较快，平均每日约增加10克，母体的消耗与日俱增，需要给母体补充更多的热量、粗纤维、矿物质和维生素	此期需补充更多的热量，除进食400~450克谷类食物外，还要多吃鱼、动物内脏、蛋类、豆类和豆制品 为防止便秘和痔疮，膳食中应包括一些含粗纤维多的蔬菜和水果，如芹菜、韭菜、苋菜、卷心菜、柿子椒、萝卜、苹果和梨等 怀孕中期也需要很多的矿物质，如海参、蛏干、虾皮、海带、紫菜、海水鱼、生蚝、海蛎肉、鲜贝、鱿鱼、口蘑、香菇等。各种维生素需要量也高于一般人，除了鱼、肉、蛋、奶及豆制品外，还应有肝类、海米、黑木耳、芝麻、花生、核桃仁、蔬菜与水果等	妊娠中期有一些孕妇并发妊娠水肿、高血压、蛋白尿。出现任何一种症状，都要给孕妇限制含钠量高的饮食，如咸肉、火腿、咸鸭蛋、榨菜、雪里蕻等 此外，烹调时还要少加食盐和酱油等

续附表 4

生理阶段	宜忌原则	宜食食物	忌食食物
孕晚期	孕晚期胎儿生长最快,体重的一半大约是在此时增加的。因此,孕妇的膳食必须富含各种营养素以供胎儿迅速生长、发育的需要。此时食欲也增加了,要定时称体重,每周体重增长不能超过500克	孕晚期除继续进食米、面、小米、玉米、蛋类、猪肉、牛肉、鸡肉、鸭肉等食物外,还要多食一些含钙、铁、锌等丰富的食物。如海虾、海鱼、生蚝、海蛎肉、蛏干、鲜贝、海参、海带、紫菜、虾皮、猪肝、鸡肝、核桃、花生、芝麻、瓜子、松子仁等 蔬菜、水果每日不少于400~600克,其中绿色蔬菜应占2/3以上	孕妇不宜饮酒、喝咖啡、有色饮料、吸烟和多吃罐头 孕妇饮酒可能损害受精卵,使胎儿畸型或发育迟缓,智力发育低劣,反应迟钝,乃至胎儿死亡
产褥期	中医学特别注意分娩后2个月内的饮食调养,其原则是宜清淡,勿食生冷坚硬,少食肥腻煎炒。如果在这2个月内饮食不当,很可能引起疾病	产妇宜吃清淡健脾胃的食品、利于产妇身体复原的食物和催乳的食物。如豆腐、薏米粥、玉米粥、猪瘦肉汤、炖蛋、母鸡汤、鲫鱼、鲤鱼、面粉制品、红糖、红枣、豆浆、牛奶、鸡蛋、猪肉、牛肉、羊肉、新鲜蔬菜和水果等	忌吃生冷、大辛、大热的食品与药物,如辣椒、肉松、狗肉、花椒、猪肥肉、肥肠、茄子、黄瓜、冷饮、凉菜等
哺乳期	哺乳期的营养应以高质、高热量、容易消化的食物为主。总的来说,乳母的饮食必须是营养素全面,供应量充足。这样,才能保证乳母的健康,促使乳汁的分泌,有利于婴儿的生长发育	如何调整哺乳期妈妈的营养,最好的办法是从自然饮食中摄取。下面介绍一些富含丰富维生素和矿物质的食物,以供哺乳期妈妈选择:猪肉、牛肉、动物肝、黄油、牛奶制品、蛋黄、海鱼、小虾、牡蛎、海藻类、鳝鱼、沙丁鱼、贝类、大豆制品、大豆、青豌豆、豆芽、核桃、黑芝麻、白菜、菠菜、芹菜、青椒、西红柿、菜花、莴笋、土豆、草菇、黑木耳、蜜橘、草莓、柿子、猕猴桃、苹果等	乳母的热能消耗很大,每天所需的热量比非产妇多40%。因此,含有矿物质的蔬菜、水果、菌藻类食物,乳母可放心食用,无所禁忌。但应避免食用辛辣食品、酒等刺激性食物